普通高等教育"十三五"规划教材

水文水利计算

主　编　原文林

副主编　马细霞　王慧亮

主　审　吴泽宁

中国水利水电出版社

www.waterpub.com.cn

·北京·

内 容 提 要

本书阐述了工程水文设计和水利计算的基本原理与方法，以流量与暴雨资料的审查、洪水频率分析计算、由流量资料推求设计洪水、由暴雨资料推求设计洪水、小流域设计暴雨及设计洪水计算、可能最大暴雨与可能最大洪水的推求、设计年径流及其年内分配等为水文计算的主要内容。同时，以水库兴利调节计算、水电站水能计算和水库防洪计算等为水利计算的主要内容。

本书为高等院校水文与水资源工程专业本科核心课程教材，也可供从事水文、水利工程管理，交通工程和市政工程专业的技术人员使用参考。

图书在版编目（CIP）数据

水文水利计算 / 原文林主编. -- 北京 ：中国水利
水电出版社，2017.12
普通高等教育"十三五"规划教材
ISBN 978-7-5170-6065-9

Ⅰ．①水… Ⅱ．①原… Ⅲ．①水文计算－高等学校－
教材②水利计算－高等学校－教材 Ⅳ．①P333②TV214

中国版本图书馆CIP数据核字(2017)第288616号

书　　名	普通高等教育"十三五"规划教材 **水文水利计算** SHUIWEN SHUILI JISUAN
作　　者	主　编　原文林 副主编　马细霞　王慧亮 主　审　吴泽宁
出版发行	中国水利水电出版社 （北京市海淀区玉渊潭南路 1 号 D 座　100038） 网址：www. waterpub. com. cn E - mail：sales@waterpub. com. cn 电话：(010) 68367658（营销中心）
经　　售	北京科水图书销售中心（零售） 电话：(010) 88383994、63202643、68545874 全国各地新华书店和相关出版物销售网点
排　　版	中国水利水电出版社微机排版中心
印　　刷	三河市鑫金马印装有限公司
规　　格	184mm×260mm　16 开本　10.5 印张　249 千字
版　　次	2017 年 12 月第 1 版　2017 年 12 月第 1 次印刷
印　　数	0001—4000 册
定　　价	**25.00 元**

前　言

　　水文水利计算是水文与水资源工程本科专业的核心课程。本书在参考与对比同类教材的基础上，根据郑州大学校内讲义与近年来的实际应用情况编写完成。在编写过程中，除征求有关师生的意见和吸收过去教材的编写经验以外，力求在保证论述学科的基本知识和基本计算方法的基础上，适当反映本科学领域的新内容。

　　本书共十章，按照 64 学时的教学课时编写。主要内容包括水文分析计算和水利计算两大部分，其中水文分析计算包括设计洪水的基本知识、由流量资料推求设计洪水、由暴雨资料推求设计洪水、小流域设计洪水计算、可能最大洪水计算、设计年径流及其年内分配等主要内容。水利计算包括水库兴利调节计算、水电站水能计算、水库防洪计算等内容。教材涵盖了水文及水资源工程水文水利计算的主体内容，取材丰富，用例翔实，体系完整，章节编排合理，适用于水利类相关专业的本（专）科教学使用，也可供工程技术人员参考。

　　本书由郑州大学原文林担任主编，马细霞与王慧亮参与编写。各章的编写人员为：第一章由原文林编写；第二章由原文林、王慧亮编写；第三章、第四章由原文林、马细霞编写；第五章、第六章由原文林、王慧亮编写；第七章、第八章、第九章由原文林编写；第十章由原文林、王慧亮编写。全书由原文林进行通稿，吴承君、王燕云、高倩雨、刘美琪、卢璐、宋汉振、付磊等研究生参与了书稿的整理与校正工作。

　　本书由郑州大学吴泽宁教授主审，主审人对书稿进行了认真细致的审查，并提出了许多建设性的修改意见，编者在此深表谢意。

　　本书在编写过程中主要引用和参考了由河海大学梁忠民等主编的《水文水利计算》（第 2 版）（中国水利水电出版社，2008 年）、叶守泽主编的《水文水利计算》（水利电力出版社，1992 年，2008 年第 9 次印刷）等，同时还参阅和引用了有关院校和科研单位编写的相关教材、著作和技术文献，并在书末列出了主要参考文献。

　　本书的编写和出版，得到了郑州大学教务处、郑州大学水利与环境学院以及中国水利水电出版社的大力支持，在此一并致谢。

　　限于编者水平，书中有不妥之处，恳请读者批评指正。

编 者

2017 年 6 月

目 录

第一章　绪　论

第一节　水文水利计算主要内容与工程应用

水文水利计算课程主要包括两部分的内容，即水文计算与水利计算。水文计算的主要任务是分析水文要素变化规律，为水利工程的建设提供未来水文情势预估；水利计算的主要任务是拟定并选择安全可靠和经济合理的工程设计方案、规划设计参数和调度运行方式。

一、水文计算

水文计算是为防洪排涝、水资源开发利用和桥涵建筑等工程或非工程措施的规划、设计、施工和运行管理，提供水文数据的各种水文分析和计算的总称。其主要任务是估算工程在规划设计阶段、施工及运行期间，可能出现的水文设计特征值及其在时间和空间上的分布情况。

水文计算主要围绕"设计洪水"和"设计径流"两个主题，在该课程中对应的主要内容有流量与暴雨资料的审查、由流量资料推求设计洪水、由暴雨资料推求设计洪水、小流域设计暴雨及其设计洪水计算、可能最大暴雨与可能最大洪水推求、设计年径流及其年内分配计算。

二、水利计算

水利计算指的是水资源系统开发和治理中对河流等水体的水文情况、国民经济各部门用水需求、径流调节方式和经济论证等进行分析计算。通过水利计算获得的成果，可为建筑物的设计和设备工作状态的选择提供数据，以便确定建筑物的规模和设备的运行规程，同时也为各种水资源工程的投资和效益、用水部门正常工作的保证程度和工程修建后的效益等做经济分析、综合论证提供定量依据。

水利计算在本课程中将"水库"作为主要分析对象，对应的主要内容是在了解水库基本特性及水文计算提供的设计径流和设计洪水成果的基础上，进行水库兴利调节计算、水电站水能计算和水库防洪计算。

三、水文水利计算的工程应用

水利工程从修建到运用，一般要经过规划设计、施工和运行管理三个阶段，每个阶段均需进行水文水利计算，但各阶段由于承担的服务内容不同，计算任务不同，各有侧重点。

规划设计阶段水文水利计算的主要任务是为确定工程规模提供水文数据。由于水利工程的使用年限一般为几十年甚至百年以上，因此在规划设计时，应预估水利工程在未来整个运行期间可能出现的水文情势，以及根据可能出现的水文情势确定合理的开发利用方式、工程规模和主要设计参数等。在该阶段水文计算的任务就是研究工程修建后，在长期的运行期限内的水文情势，提供作为工程设计依据的水文特征数值，例如设计年径流、设计洪水等。水利计算的任务则是根据设计水文数据，通过调节计算，选定工程枢纽参数，例如水库正常蓄水位、死水位、水电站装机容量等，并确定主要建筑物的尺寸与规模，例如坝高、溢洪道尺寸等，然后详细计算各项水利经济指标，通过经济论证分析，进行方案比选。

施工阶段水文水利计算的主要任务是为确定临时性水工建筑物（例如施工围堰、导流隧洞或导流渠等）的规模及初期运行方式提供相应计算成果。由于水利工程施工期限较长，一般需要一年以上，甚至数年之久，因此需要修建一些临时性建筑物进行导流和度汛。在该阶段，水文计算的主要任务是预估在整个施工期间可能出现的水文情势，在此基础上确定临时性建筑物的规模和尺寸。水利计算的任务主要是编制水利枢纽的初期运行计划或制定初期的运行调度图。

运行管理阶段水文水利计算的主要任务是根据面临时段来水情况的预报和预测，编制水量调度方案，通过科学合理调度，充分发挥工程效益，提高水资源和水能资源利用率。例如，汛前根据洪水预报信息，在洪水来临之前，预先腾出库容拦蓄洪水，使水库安全度汛，下游也免遭洪水灾害。到汛末时，又及时拦蓄尾部洪水，以保证灌溉、发电等方面的需求。此外，在工程运用期间随着水文资料的积累，还要经常复核和修正原设计的水文数据，通过调节计算，改进调度方案或对工程实行扩建、改建和除险加固等必要的改造。

第二节　水文水利计算主要方法

一、水文水利计算特点

水文水利计算的主要任务是分析水文要素变化规律，为水利工程的建设和运行管理提供未来水文情势预估。自然界水文现象的发生和发展过程，由于受气象要素和地质、地貌、植被等下垫面因素以及人类活动的影响，情况是十分复杂的。自然水文过程既有确定性，例如河流每年都具有洪水期和枯水期的周期性交替现象、冰雪水源河流则具有以日为周期的流量变化、受气候要素和地理要素具有地区性规律影响的水文现象也在一定程度上具有地区性的特点等；又存在不确定性，例如河流某断面各年出现的最大洪峰流量的大小和出现的具体时间不会完全相同等。自然水文过程的确定性，反映了事物的必然性；自然水文过程的不确定性，反映了事物的偶然性。因此，在解决水文水利计算的具体问题时，一般采用基于质量守恒、动量守恒、能量守恒的确定性数学物理方法和基于概率论、数理统计原理的统计方法，或者是两类方法的有机结合，共同解决水文要素预估、工程水文设计、调度运行方式确定中的技术问题。

二、水文计算方法

在我国水利水电工程设计中，目前是由规范统一规定工程的设计标准，进而确定相应的水文事件作为设计条件。在进行具体工程设计时，根据水利工程的规模、重要性及效益情况，按规范规定即可确定其等级和相应的设计标准，再采用相应方法进行工程设计计算。因此，对水文计算的具体要求应为推求工程运行期间，当地可能出现的符合设计标准的水文变量或水文过程。

从对水文计算的要求可以看出，其主要解决的是水文情势的预估问题，在采用的方法上目前主要有水文频率分析和水文气象成因分析两类途径。

水文频率分析方法将水文事件视为随机事件，其变化规律服从概率分布律，所以采用概率论和数理统计方法对未来水文情势进行概率预估。因此，可以采用水文频率分析方法对暴雨、洪水和径流进行概率预估，作为水利工程设计依据。

水文气象成因分析方法认为洪水现象是一种必然事件，取决于降雨和流域下垫面条件，所以可采用成因途径从降雨的物理机制研究洪水事件。对于一个具体流域，降水不可能是个无穷大值，应有其物理上限。该降水上限，习惯上成为可能最大暴雨（Probable Maximum Precipitation，简称 PMP），理论上可以通过气象科学的理论与方法进行计算分析。根据水文学方法将 PMP 转化为洪水，即为可能最大洪水（Probable Maximum Flood，简称 PMF），以此作为水利工程的设计依据。

除了传统的水文频率分析和 PMP/PMF 分析方法仍在不断完善外，水文计算方法的发展趋势主要表现在以下几方面：

（1）洪水风险分析的理论与方法研究。

（2）气候变化和人类活动对设计成果的影响。

（3）不确定性新理论与新方法的应用研究。

三、水利计算方法

除了水文计算需要采用概率预估的方法来解决水利计算的问题外，基于水量平衡原理的调节计算方法是水利计算的主要研究方法。按照具体问题的侧重点差异，调节计算可分为兴利调节计算、水能计算和洪水调节计算。

兴利调节计算主要有时历法和数理统计法两大类。时历法是先根据实测流量逐年逐时段进行调节计算，然后根据各年调节后的水利要素值，例如出库流量、水库水位或水库库容等绘制成频率曲线，最后根据设计保证率得出设计参数，即调节计算后频率分析的方法；数理统计法则先对原始流量系列进行数理统计分析，将其概化为几个统计特征值，然后再通过数学分析方法或图解法进行调节计算，求得设计保证率与水利要素值之间的关系，即先频率分析后调节计算的方法。

水电站水能计算主要依据为水量平衡原理。水能计算同兴利调节计算相比，由于受到流量和水头两个因素的共同影响，同时还受到水能利用方式、设备效率等因素的影响，计算方法通常较为复杂。目前水能计算常用的方法是试算法，通过试算法求得的成果进行保证出力和多年平均发电量分析、制定调度图等。

洪水调节计算同兴利调节计算相比较，主要原理相同，差别主要体现在计算时间尺度较小（通常取小时为计算时段），同时受水工建筑物规模限制还需考虑下泄能力的影响。洪水调节计算具体求解方法是以水量平衡计算和试算为基础，采用与兴利调节计算相同的方法。

上述方法均属于常规方法，随着水资源开发利用综合、整体的观点和策略，水利计算方法的发展趋势主要为以下几方面：

（1）多目标优化技术。

（2）水库群综合利用调度原则和模型求解方法。

（3）现代智能算法的应用研究。

第二章 设计洪水基本知识

第一节 防洪标准与设计洪水

一、防洪标准

在河流上筑坝建库能在防洪方面发挥很大的作用，但水库本身也承受着洪水的威胁，一旦洪水漫溢坝顶，将会造成严重灾害。为了处理好防洪问题，在设计水工建筑物时，若此洪水定得过大，则会使工程造价增多而不经济，但工程却比较安全；若此洪水定得过小，虽然工程造价降低，但遭受破坏的风险增大。如何选择对设计的水工建筑物较为合适的洪水作为依据，考虑在发生该洪水时能够保证建筑物本身以及下游地区和库区防洪的安全，涉及一个标准问题，称为设计标准。确定设计标准是一个非常复杂的问题，国际上尚无统一的设计标准。

在水工建筑物的设计中，除了考虑水工建筑物本身的防洪标准外，还要考虑下游防护对象的防洪标准。这里所谓的防洪标准又称为"地区防洪标准"，就是规定防护对象能防御多少年一遇的洪水，并当这种洪水发生时，通过下游河道的最大泄量不应超过河道的允许泄量（又称为安全泄量）或控制水位。地区防洪标准的拟订，应根据下游地区的河流条件、历史灾害情况和对政治、经济的影响，并结合下游防护对象的重要性来分析选定。

1. 水库防洪标准的确定

在河流上修建水库，通过其对洪水的拦洪削峰，可防止或减轻甚至消除水库下游地区的洪水灾害。但是，若遇特大洪水或调度运用不当，大坝失事也会形成远远超过天然洪水的溃坝洪水，如板桥水库 1975 年 8 月入库洪峰 13100m³/s，溃坝流量竟达 79000m³/s，对下游造成了极大的损失。因此，防洪设计中除考虑下游防护对象的防洪要求外，更应确保大坝安全。下游防洪要求和大坝等水工建筑物本身防洪安全要求，一般通过防洪设计标准（常用洪水发生频率或重现期表示）来体现。

水库自身安全标准是指设计水工建筑物所采用的洪水标准。水工建筑物的洪水标准分正常运用和非常运用两种情况。与前者相应的洪水称为设计洪水，与后者相应的洪水称为校核洪水。

水工建设物的洪水标准应按水利枢纽工程的"等"及建筑物的"级"，参照中华人民共和国水利部 2017 年颁发的 SL 252—2017《水利水电工程等级划分及洪水标准》的规定，确定其相应的洪水标准。该标准根据工程的规模、效益及在国民经济中的重要性将其划分为 5 等，见表 2 - 1；水利水电工程的永久性水工建筑物的级别又根据其在工程的等别和建筑物的重要性分为 5 级，见表 2 - 2。

表 2-1 水利水电工程分等指标

| 工程等别 | 工程规模 | 水库总库容/10⁸m³ | 防洪 | | | 治涝 | 灌溉 | 供水 | | 发电 |
			保护人口/10⁴人	保护农田面积/10⁴亩	保护区当量经济规模/10⁴人	治涝面积/10⁴亩	灌溉面积/10⁴亩	供水对象重要性	年引水量/10⁸m³	发电装机容量/MW
I	大（1）型	≥10	≥150	≥500	≥300	≥200	≥150	特别重要	≥10	≥1200
II	大（2）型	<10,≥1.0	<150,≥50	<500,≥100	<300,≥100	<200,≥60	<150,≥50	重要	<10,≥3	<1200,≥300
III	中型	<1.0,≥0.10	<50,≥20	<100,≥30	<100,≥40	<60,≥15	<50,≥5	比较重要	<3,≥1	<300,≥50
IV	小（1）型	<0.1,≥0.01	<20,≥5	<30,≥5	<40,≥10	<15,≥3	<5,≥3	一般	<1,≥0.3	<50,≥10
V	小（2）型	<0.01,≥0.001	<5	<5	<10	<3	<3		<0.3	<10

表 2-2 永久性水工建筑物级别

工程等别	主要建筑物	次要建筑	工程等别	主要建筑物	次要建筑
I	1	3	IV	4	5
II	2	3	V	5	5
III	3	4			

根据水工建筑物的级别，该标准中还规定了相应的洪水标准，表 2-3 列出了山区、丘陵区水利水电工程永久性水工建筑物洪水标准。

表 2-3 山区、丘陵区水利水电工程永久性水工建筑物洪水标准

| 项 目 | | 水工建筑物级别 | | | | |
		1	2	3	4	5
设计/［重现期（年）］		1000～500	500～100	100～50	50～30	30～20
校核洪水标准/［重现期（年）］	土石坝	可能最大洪水（PMF）或10000～5000	5000～2000	2000～1000	1000～300	300～200
	混凝土坝、浆砌石坝	5000～2000	2000～1000	1000～500	500～200	200～100

防洪保护对象的防洪标准，应根据防护对象的重要性、历次洪水灾害及其对政治经济的影响，按照国家规定的防洪标准范围，经分析论证后，与有关部门协商选定。

必须指出，对于水库安全标准一般应采用入库洪水，如因资料等方面的原因而改用坝址洪水时，应估计二者的差异对水库调洪计算结果的影响。防护对象防洪标准应采用防洪保护区相应河段控制断面的设计洪水，该设计洪水由水库坝址以上流域及坝址至控制断面之间的区间两部分洪水组成，应考虑二者的不同组合类型及其对水库调洪计算结果的影响。

2. 下游防护对象的防洪标准

下游防护对象的防洪标准根据防护对象的重要性选取。因为没有水库的安全，也就谈不上下游防护对象的安全，因此上述水库防洪标准一般要高于防护对象的防洪标准，水库及下游防护区关系如图2-1所示。

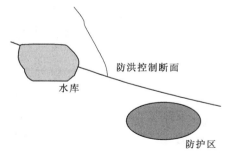

图2-1 水库及下游防护区关系示意图

国家根据工程效益、政治及经济各方面的综合考虑，颁布了按工程规模分类的工程等别和按建筑物划分的防洪标准。我国1978年颁发了SDJ 12—78《水利水电枢纽工程等级划分及设计标准（山区、丘陵区部分）（试行）》，结合我国国情及工程实际经验，水利部又会同有关部门于2014年共同制订了GB 50201—2014《防洪标准》和水利部2002年颁发的SL 252—2002《水利水电工程等级划分及洪水标准》作为强制性国家标准。防洪标准是一个关系到政治、经济、技术、风险和安全的极其复杂的问题，要综合分析、权衡利弊，根据国家规范合理选定。

二、设计洪水

1. 设计洪水的定义

由于流域内降雨或融雪，大量径流汇入河道，导致流量激增，水位上涨，这种水文现象，称为洪水。

在进行水利水电工程设计时，为了建筑物本身的安全和防护区的安全，必须按照某种标准的洪水进行设计，这种作为水工建筑物设计依据的洪水称为设计洪水。

一次设计洪水过程如图2-2所示，从起涨点A上涨，到达峰顶B后流量逐渐减小，到达C点退水结束，可用3个控制性要素加以描述，常称为洪水三要素。

（1）设计洪水过程线，洪水从A到B点的时距t_1为涨水历时。从B到C点的时距t_2为退水历时。一般情况下，$t_2 > t_1$。$T = t_2 + t_1$，称为洪水历时。

（2）设计洪峰流量Q_m（m³/s），简称设计洪峰，为设计洪水的最大流量，如图2-2中的B点对应的流量。

（3）设计洪水总量W（m³），简称设计洪量，为设计洪水的径流总量。如图2-2所示，流量过程线ABC下的面积就是洪水总量W。

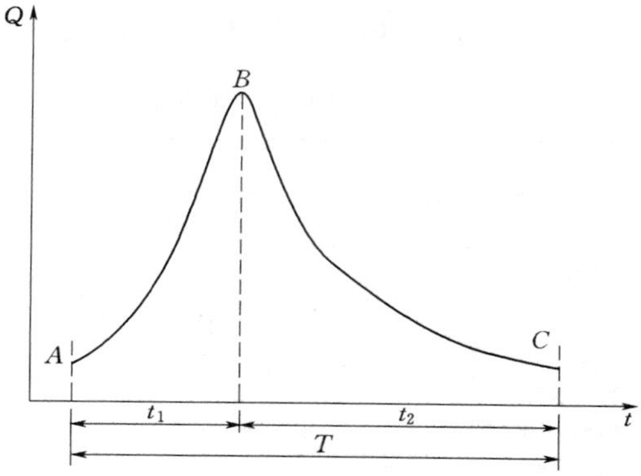

图2-2 一次设计洪水过程线示意图

2. 设计洪水的分类

按工程性质不同，设计洪水分为水库设计洪水、下游防护对象设计洪水、施工设计洪水、堤防设计洪水、桥涵设计洪水等。

对于桥涵、堤防、调节性能小的水库，一般可只推求设计洪峰，如葛洲坝电站为低水头（设计水头$H = 18.6$m）径流式电站，调节库容（15.8亿 m³）很小，只能起抬高水头的作用，故其泄洪闸以设计洪峰流量（$Q_m = 110000 \text{m}^3/\text{s}$）控制。对于大型水库，调节性能高，可以洪量控制，即库容大小主要由洪水总量决定。如三峡水库，拦洪库容 300.2 亿 m^3，龙羊峡总库容 247 亿 m^3，丹江口总库容 209 亿 m^3。一般水库都以洪峰和洪量同时控制。

三、设计洪水的计算途径

1. 设计洪水计算的研究历程

我国在解放初期兴建的一些水利工程中很多是采用历史上曾发生过的最大洪水或加上某一成数作为设计洪水。由于采用历史调查洪水加成数的方法作为设计洪水，具有明显的主观任意性，以及可能出现的洪水具有明显的随机性，因此在我国水利水电工程的设计规范中，目前已较少采用该计算方法。此法存在两方面的缺陷，一是没有考虑未来洪水超过历史最大洪水的可能性，使人们产生不安全感；二是对大小不同、重要性不同的工程采用一个标准，显然不合理。

以符合某一频率的洪水作为设计洪水，如百年一遇洪水、千年一遇洪水等。此法把洪水作为随机事件，根据概率理论由已发生的洪水来推估未来可能发生的符合某一频率标准的洪水作为设计洪水，它可以克服历史洪水加成数方法存在的缺点，根据工程的重要性和工程规模选择不同的标准，适用面较宽，在我国水利、电力、公路桥涵、航道、堤防设计中广泛应用。但用频率计算洪水，以频率规定防洪标准，仍有许多不足之处。如设计标准规定水库设计洪水的重现期是百年一遇或千年一遇，洪水超过这个标准的可能性虽然很小，但是仍然可能出现，因此水库的安全并不能确保，国内外曾发生过多起由于发生超标准的洪水而垮坝的事件。

因频率计算缺乏成因概念，如资料系列太短，用于推求稀遇洪水根据不足。且近年来，我国一再出现超标准的特大洪水，使设计标准一再提高。水文气象法从物理成因入手，根据水文气象要素推求一个特定流域在现代气候条件下，可能发生的最大洪水作为设计洪水。我国在水利水电工程等级划分及洪水标准中规定（见 SL 252—2017 规范）：为了使重要的水库能够确保防洪安全，特别是采用土石坝的水库，除规定以频率作为标准外，还规定以可能最大洪水作为保证水库大坝安全的校核标准。

2. 设计洪水计算的常用途径

通常情况下，推求设计洪水（包括洪峰、洪量和洪水过程线）的常用途径主要有以下三类：

（1）由流量资料推求设计洪水。该途径先求一定频率的设计洪峰流量和各时段的设计洪量，然后将所得的设计洪峰、洪量构成一个完整的设计洪水过程线。主要适用于水文资料比较充分的流域地区。

（2）由暴雨资料推求设计洪水。该途径先求设计暴雨，再经产流计算和汇流计算，最后求出设计洪水。主要适用于雨量、水文资料比较匮乏的流域地区。

（3）由水文气象资料推求设计洪水。该途径先分析天气形势和统计风速、露点、降水等气象资料，从而推求可能最大暴雨；然后再经产流、汇流计算求出可能最大洪水。主要适用于气象、大暴雨、水文资料比较充分的流域地区。

不论采用上述哪种途径来推求设计洪水，都要在工程所在断面附近进行洪水调查，其成果可用来参与计算，或作为分析论证的依据。上述三种推求设计洪水的计算途径并不彼此排斥而是相辅相成的。在实际工作中通常根据资料的情况，平行使用不同的方法，而且对求得的成果要通过综合分析才能合理选定。

第二节　入 库 设 计 洪 水

一、入库设计洪水的定义

入库设计洪水是指符合某一设计标准的通过各种途径进入水库的洪水，它由入库断面洪水和入库区间洪水两部分组成。其中，入库断面洪水是水库回水末端附近干支流河道水文测站的测流断面，或某个设计断面以上的洪水；入库区间洪水又可分为陆面洪水和库面洪水两部分，其中，陆面洪水为入库断面以下，至水库周边以上的区间陆面面积所产生的洪水，库面洪水即库面降雨直接转为径流所产生的洪水。

入库洪水与坝址洪水的主要差异表现在以下几方面：

（1）库区产流条件改变，使入库洪水的洪量增大。水库建成后，水库回水淹没区由原来的陆面变成水面，产流条件相应发生了变化。在洪水期间库面由陆地产流变为水库水面直接承纳降水，由原来的陆面蒸发损失变成水面蒸发损失。一般情况下，洪水期间库面的蒸发损失不大，可以忽略不计，而库区水面产流量比相应陆面要大。因此，同样的降水量下，建库后入库洪量比建库前洪量大，但随着时段的增长，这种差别会减小。

（2）流域汇流时间缩短，入库洪峰流量出现时间提前，涨水段的洪量大增。建库后，洪水由干支流的回水末端和水库周边入库，洪水在库区的传播时间比原河道的传播时间缩短，洪峰出现的时间相应提前，而库面降水集中于涨水段，涨水时段的洪量增大。

（3）河道被回水淹没成为库区。原河槽调蓄能力丧失，再加上干支流和区间陆面洪水常易遭遇，使得入库洪水的洪峰增高，峰形更尖瘦。据近年来对我国32座水库的分析，入库与坝址洪峰流量的比值在1.01～1.54之间。

二、入库洪水的计算

建库前，水库的入库洪水不能直接测得，一般是根据水库特点、资料条件，采用不同的方法分析计算。依据资料不同，可分为由流量资料推求入库洪水和由雨量资料推求入库洪水两种类型。

由流量推求入库洪水又可划分如下：

（1）合成流量法。分别推算干支流和区间等各部分的洪水，然后演进到入库断面处，再同时刻叠加，即得入库洪水。这种方法概念明确，只要坝址以上干支流有实测资料，区间洪水估计得当，一般计算成果较满意。

（2）马斯京根法。当汇入水库周边的支流较少，坝址处有实测水位流量资料，干支流入库点有部分实测资料时，可根据坝址洪水资料用马斯京根法，即反演进的方法推求入库洪水。这种方法对资料的要求较少，计算也比较简便。

（3）槽蓄曲线法。当干支流缺乏实测洪水资料，但库区有较完整的地形资料时，可利用河道平面图和纵横断面图，根据不同流量的水面线（实测、调查或推算得来）绘制库区河段的槽蓄曲线，采用联解槽蓄曲线与水量平衡的方法，由坝址洪水推求入库洪水。本方法计算成果的可靠程度与槽蓄曲线的精度有关。

（4）水量平衡法。水库建成后，可用坝前水库水位、库容曲线和出库流量等资料用水量平衡法推算入库洪水。计算式为

$$\overline{I}=\overline{Q}+\frac{\Delta V_{损}}{\Delta t}+\frac{\Delta V}{\Delta t} \qquad (2-1)$$

式中：$\overline{I}$ 为时段平均入库流量，m^3/s；$\overline{Q}$ 为时段平均出库流量，m^3/s；$\Delta V_{损}$ 为水库损失水量，m^3；ΔV 为时段始末水库蓄水量变化值，m^3；Δt 为计算时段，s。

平均出库流量包括溢洪道流量、泄洪洞流量及发电流量等，也可采用坝下游实测流量资料作为出库流量；水库损失水量包括水库的水面蒸发和枢纽、库区渗漏损失等，一般情况下，在洪水期间，此项数值不大，可忽略不计；水库蓄水量变化值，一般可用时段始末的坝前水位和静库容曲线确定，如动库容（受库区流量的影响，库区水面线不是水平的，此时水库的库容称为动库容）较大，对推算洪水有显著影响，宜改用动库容曲线推算。

三、入库设计洪水的计算方法

按我国现行规范的规定，水利水电工程一般采用坝址设计洪水。但是，对具有水库的工程，当建库后产汇流条件有明显改变，采用坝址设计洪水对调洪影响较大时，应以入库设计洪水作为设计依据。入库设计洪水计算方法有以下两类。

1. 频率计算法

具有长期入库洪水系列及历史入库洪水资料时，可用频率计算法推求各种标准的入库设计洪水。入库洪水系列可根据资料情况的不同来选取。

（1）当水库回水末端附近的干流和主要支流有长期洪水资料时，可用流量叠加法推求历年入库洪水。

（2）当坝址洪水系列较长，而入库干支流资料缺乏时，可将一部分年份或整个坝址系列用马斯京根法或槽蓄曲线法，转换为入库洪水系列。若只推算部分年份的入库洪水时，可先根据推算的成果，建立入库洪水与坝址洪水的关系，根据上述关系将未推算的其余年份转换为入库洪水，与推算的年份共同组成入库洪水系列。

2. 根据坝址设计洪水推算入库设计洪水

由于资料条件的限制不能推算出入库洪水系列时，可先计算坝址各种设计标准的设计洪水，再用马斯京根法或槽蓄曲线法，将已计算的坝址设计洪水反演算得入库设计洪水。但根据实测资料分析的汇流参数或槽蓄曲线应用于稀遇的设计洪水时，应注意分析外延的合理性。

至于入库设计洪水过程线的推求，可选择某典型年的坝址实测洪水过程线，用前述方法推算该典型年的入库洪水过程，然后用坝址洪水设计值的倍比求得入库设计洪水过程线。

第三节 分 期 设 计 洪 水

为了水库管理调度运用和施工期防洪的需要，必须计算分期设计洪水。所谓分期设计洪水是指一年中某个时段所拟定的设计洪水。计算分期设计洪水的方法是在分析流域洪水季节性规律的基础上，按照设计和管理要求，把整个年内划分为若干个分期，然后在分期的时段内，按年最大值法选样，进行频率计算。

一、洪水季节性变化规律分析和分期划分

划定分期洪水时，应对设计流域洪水季节性变化规律进行分析，并结合工程的要求来考虑。分析时要了解天气成因在季节上的差异，年内不同时期洪水峰量数值及特性（如均值、变差系数）的变化，全年最大洪水出现在各个季节的情况，以及不同季节洪水过程的形状等。同时，可根据本流域的资料，将历年各次洪水以洪峰发生日期或某一历时最大洪量的中间日期为横坐标，以相应洪水的峰量数值为纵坐标，点绘洪水年内分布图，并描绘平顺的外包线，如图2-3所示。如有调查的特大洪水，亦应点绘于图上。

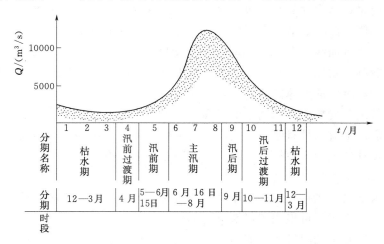

图2-3 某水文站洪水年内分布及分期示意图

在天气成因分析和上述实测资料统计基础上，并考虑工程设计的要求，划定分期洪水的时段。

分期的一般原则为：尽可能根据不同成因的洪水，把全年划分为若干分期。

分期的起讫日期应根据流域洪水的季节变化规律，并考虑设计需要确定。分期不宜太短，一般以不短于1个月为宜。由于洪水出现的偶然性，各年分期洪水的最大值不一定正好在所定的分期内，可能往前或往后错开几天。因此，在用分期年最大选样时，有跨期和不跨期两种选样方法。跨期选样时，为了反映每个分期的洪水特征，跨期选样的日期不宜超过5～10日。

二、分期设计洪水的计算方法

（1）分期划定后，分期洪水一般在规定时段内，按年最大值法选择。当一次洪水过程位于两个分期时，视其洪峰流量或时段洪量的主要部分位于何期，就作为该期的样本，不作重复选择。这种选取方法称为不跨期选样。

（2）分期特大洪水的经验频率计算，应根据调查考证资料，结合实测系列分析，重新论证，合理调整。分期洪水的统计参数计算和配线方法与年最大洪水相同。对施工洪水，由于设计标准较低，当具有较长资料时，一般可由经验频率曲线查取设计值。

（3）分期设计洪水过程线的推求。施工初期围堰往往以抵御洪峰为主，一般只要求设计洪峰流量；大坝合龙后，则以某个时段的设计洪量为主要控制，故要求设计洪峰和一定时段的设计洪量，如进行调洪，则需要设计洪水过程线。中小型工程的施工设计洪水，一般只需要分期设计洪峰。

（4）将各分期洪水的峰量频率曲线与全年最大洪水的峰量频率曲线画在同一张机率格纸上，检查其相互关系是否合理。如果它们在设计频率范围内发生交叉现象，即稀遇频率的分期洪水大于同频率的全年最大洪水。此时应根据资料情况和洪水的季节性变化规律予以调整。一般来说，由于全年最大洪水在资料系列的代表性、历史洪水的调查考证等方面，均较分期洪水研究更为充分，其成果相对较可靠。调整时一般应以历时较长的洪水频率曲线为准。

第四节 设计洪水的地区组成

为研究流域开发方案，计算水库对下游的防洪作用，以及进行梯级水库或水库群的联合调洪计算等问题，需要分析设计洪水的地区组成。也就是说计算当下游控制断面发生某设计频率的洪水时，其上游各控制断面和区间相应的洪峰流量及其洪水过程线。

由于暴雨分布不均，各地区洪水来量不同，各干支流来水的组合情况十分复杂，因此洪水地区组成的研究与上述某断面设计洪水的研究方法不同，必须根据实测资料，结合调查资料和历史文献，对流域内洪水地区组成的规律性进行综合分析。分析时应着重暴雨、洪水的地区分布及其变化规律；历史洪水的地区组成及其变化规律；各断面峰量关系以及各断面洪水传播演进的情况等。为了分析研究设计洪水不同的地区组成对防洪的影响，通常需要拟定若干个以不同地区来水为主的计算方案，并经调洪计算，从中选定可能发生而能满足设计要求的成果。

现行洪水地区组成的计算常用典型年法和同频率地区组成法。

1. 典型年法

典型年法是从实测资料中选择几次有代表性、对防洪不利的大洪水作为典型，以设计断面的设计洪量作为控制，按典型年的各区洪量组成的比例计算各区相应的设计洪量。

本方法简单、直观，是工程设计中常用的一种方法，尤其适用于分区较多、组成比较复杂的情况。但此法因全流域各分区的洪水均采用一个倍比放大，可能会使某个局部地区的洪水放大后其频率小于设计频率，值得注意。

2. 同频率地区组成法

同频率地区组成法是根据防洪要求，指定某一分区出现与下游设计断面同频率的洪量，其余各分区的相应洪量按实际典型组成比例分配。一般有以下两种组成方法：

（1）当下游断面发生设计频率 P 的洪水 $W_{下P}$ 时，上游断面也发生频率 P 的洪水 $W_{上P}$，而区间为相应的洪水 $W_{区}$，即

$$W_{区} = W_{下P} - W_{上P} \qquad (2-2)$$

（2）当下游断面发生设计频率 P 的洪水 $W_{下P}$，区间发生频率 P 的洪水 $W_{区P}$，则上游断面相应的洪水 $W_{上}$，即

$$W_{上} = W_{下P} - W_{区P} \qquad (2-3)$$

必须指出，同频率地区组成法适用于某分区的洪水与下游设计断面的相关关系比较好的情况。同时，由于河网调节作用等因素影响，一般不能用同频率地区组成法来推求设计洪峰流量的地区组成。

第三章　由流量资料推求设计洪水

由流量资料推求设计洪峰及不同时段的设计洪量，即利用实测洪水资料推求规定标准的、用于水库规划和水工建筑物设计的洪水过程线，可以使用数理统计方法，计算符合设计标准的数值，一般称为洪水频率计算。其内容主要包括：资料的"三性"审查；加入特大洪水资料系列的频率计算；推求符合设计标准的设计洪峰流量和各种时段的设计洪量；按典型洪水过程进行缩放推求设计洪水过程线；设计洪水成果的合理性分析。

第一节　洪水资料的分析与处理

一、洪水资料的审查

根据 NB/T 35046—2014《水利水电工程设计洪水计算规范》规定，设计断面或其上下游邻近地点具有 30 年以上实测（含还原）和插补延长的洪水资料，应采用频率分析法计算设计洪水。

1. 可靠性审查

在应用资料之前，首先要对原始水文资料进行审查，洪水资料必须可靠，具有必要的精度，而且具备频率分析所必需的某些统计特性，例如洪水系列中各项洪水相互独立，且服从同一分布等。

2. 一致性审查

为使洪水资料具有一致性，要求在调查观测期中，洪水形成条件相同，当使用的洪水资料受人类活动如修建水工建筑物、整治河道等的影响有明显变化时，应进行还原计算，使洪水资料换算到天然状态的基础上。

3. 代表性审查

洪水资料的代表性，反映在样本系列能否代表总体的统计特性，而洪水的总体又难以获得。一般认为，资料年限较长，并能包括大、中、小等各种洪水年份，则代表性较好。由此可见，通过古洪水研究、历史洪水调查、考证历史文献和系列插补延长等增加洪水系列的信息量方法，是提高洪水系列代表性的基本途径。

二、洪水资料选样方法

洪水资料样本一般是取洪峰流量和指定时段内洪水总量作为描述一次洪水过程的数学特征。不管对单峰型还是复峰型洪水，洪峰流量可从流量过程线上直接得到。对洪量，我国通常取固定时段的最大洪量。洪量统计时段的长度，可根据洪水过程的实际历时及水利工程的调蓄能力而定。大流域、调洪能力大的工程，设计时段可以取得长一些；小流域、调洪能力小的工程，可以取得短一些。固定时段一般采用 1 天、3 天、5 天、7 天、15 天、

30 天。

由于我国河流多属雨洪型，每年汛期要发生多次洪水，每次洪水具有不同历时的流量变化过程，如何从历年洪水系列资料中选取表征洪水特征值的样本，是洪水频率计算的首要问题。通常有如下 4 种选样方法：

（1）年最大值法。每年选取一个最大值，n 年资料可选出 n 项年极值，包括洪峰流量和各种时段的洪量。同一年内，各种洪水的特征值可以在不同场洪水中选取，以保证"最大"选样原则。这是目前水利水电部门水文设计中所采用的方法。

（2）年多次法。每年选取最大的 k 项，则由 n 年资料可选出 nk 项样本系列。k 对各年取固定值，如三次、五次等，可根据当地洪水特性确定。

（3）超定量法。各年出现大洪水的次数是不同的，根据当地洪水特性，选定洪峰流量和时段洪量的阈值，超过该阈值的洪水特征均选作为样本。这样，某些年的洪水可能没被选取，而有些年有多次洪水入选。

（4）超大值法。把 n 年资料看作一连续过程，从中选出最大的 n 项洪水特征。此法相当于以第 n 项洪水作为超定量选样的阈值。

对于同一洪水流量资料，采用哪种选样方法，主要取决于工程设计所关注的洪水特性的差别。对于大多数水利水电工程，发生超过设计标准的洪水所引起的洪灾损失往往是一次性的，在一年之内很难立即恢复正常工作，洪水年极值分布可以说明当地出现该类洪水灾害的概率，则以年最大值法选样为宜；对于城市雨洪排水和工矿排洪工程，超标准洪水所造成的洪水损失一般能迅速得到恢复，若年内发生多次超标准洪水将造成多次损失，因此年多次法和超定量法较为适用。国内外的研究表明，各种抽样方法的计算结果差别一般不大，而且差别主要体现在设计标准不高的情况下。

另外，选样时一般不考虑各洪水特征之间的相互关联，即在选取某种时段洪量的年极值时，不考虑洪峰或其他时段洪量极值发生的时间和位置是否与该时段洪量的发生有关。

三、特大洪水的处理

特大洪水是指实测系列和调查到的历史洪水中，比一般洪水大得多的稀遇洪水。我国河流的实测流量资料系列一般不长，通过插补延长的系列也有限。若只根据短系列资料作频率计算，当出现一次新的大洪水以后，设计洪水数值就会发生变动，所得成果很不稳定。如果在频率计算中能够正确利用特大洪水资料，则会提高计算成果的稳定性。

特大洪水一般指的是历史洪水，但是在实测洪水系列中，若有大于历史洪水或数值相当大的洪水，也作为特大洪水。洪水系列（洪峰或洪量）有两种情况，一是系列中没有特大洪水值，在频率计算时，各项数值直接按大小次序统一排位，各项之间没有空位，序数 m 是连序的，称为连序系列，如图 3-1（a）所示；二是系列中有特大洪水值，特大洪水值的重现期 N 必然大于实测系列年数 n，而在 $N-n$ 年内各年的洪水数值无法查得，它们之间存在一些空位，由大到小是不连序的，称为不连序系列，如图 3-1（b）所示。

特大洪水处理的关键是特大洪水重现期的确定和经验频率计算。所谓重现期是指某随机变量的取值在长时期内平均多少年出现一次，又称为多少年一遇。特大洪水中历史洪水的数值确定以后，要分析其在某一代表年限内的大小序位，以便确定洪水的重现期。目前我国根据资料来源不同，将与确定历史洪水代表年限有关的年份分为实测期、调查期和文

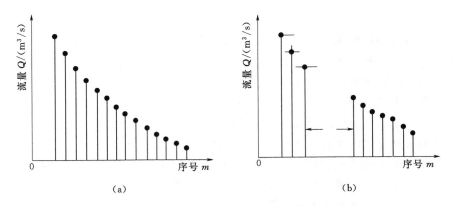

图 3-1　洪水系列示意图

(a) 连序系列示意图；(b) 不连序系列示意图

献考证期。

实测期是从有实测洪水资料年份开始至今的时期。调查期是从实地调查到若干可以定量的历史大洪水的时期。文献考证期是从具有连续可靠文献记载历史大洪水的时期。调查期以前的文献考证期内的历史洪水，一般只能确定洪水大小等级和发生次数，不能定量。

历史洪水包括实测期内发生的特大洪水，都要在历史洪水代表年限中进行排位，在排位时不仅要考虑已经确定数值的特大洪水，也要考虑不能定量但能确定其洪水等级的历史洪水，并排出序位。

第二节　洪水频率计算

在洪水频率计算中，经验频率是用来估计系列中各项洪水的超过概率，以便在机率格纸上点绘洪水点子，构成经验分布，因此，首先要估算系列的经验频率。

一、洪水经验频率计算

1. 连序系列中各项经验频率的计算方法

连序系列中各项经验频率的计算，主要采用频率计算公式进行计算，即

$$P = \frac{m}{n} \times 100\% \qquad (3-1)$$

式中：P 为大于等于 x_m 的经验频率；m 为 x_m 的序号，即等于和大于 x_m 的项数；n 为样本容量，即观测资料的总项数。

如果 n 项实测资料本身就是总体，则上述计算经验频率公式并无不合理之处。但是水文资料都是样本资料，欲从这些资料来估计总体的规律，就有不合理的地方。例如，当 $m = n$ 时，最末项 x_n 的频率为 $P = 100\%$，即是说样本的末项 x_n 就是总体中的最小值，样本之外不会出现比 x_n 更小的值。这显然是不符合实际情况的。因为随着观测年数的增多，总会有更小的数值出现。因此，有必要选取比较合乎实际的公式。现行有代表性的经验频率计算公式主要如下：

数学期望公式 $$P = \frac{m}{n+1} \times 100\% \qquad (3-2)$$

切哥达耶夫公式 $\qquad\qquad P=\dfrac{m-0.3}{n+0.4}\times100\%$ （3-3）

海森公式 $\qquad\qquad\qquad P=\dfrac{m-0.5}{n}\times100\%$ （3-4）

前两个公式在统计学上都有一定的理论依据，但具体推导比较复杂。目前我国水文上广泛应用的是数学期望公式。

2. 不连序系列中的各项经验频率的计算方法

设特大值的重现期为 N，实测年数为 n。在 N 年内共有 a 个特大值，其中有 l 个来自实测系列，其他来自于调查考证。若 $a=0$，则 $l=a=0$，$N=n$，表明没有特大洪水，不连序样本就成为了连续样本。一个不连序样本的组成如图 3-2 所示。因此，不连续序列中各项经验频率有两种估算方法，即分别处理法和统一处理法。

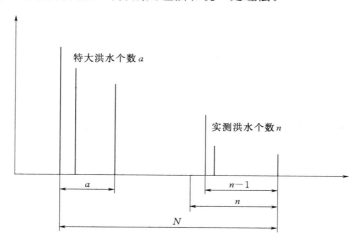

图 3-2 不连序样本系列频率计算示意图

（1）分别处理法。把实测系列与特大值系列都看作是从总体中独立抽出的两个随机连序样本，各项洪水可分别在各个系列中进行排位，实测系列的经验频率仍按连序系列经验频率公式计算，该方法通常称为分别处理法。

一般洪水系列的经验频率计算公式为

$$P_m=\frac{m}{n+1}\quad(m=l+1,l+2,\cdots,n)$$ （3-5）

特大洪水系列的经验频率计算公式为

$$P_M=\frac{M}{N+1}\quad(M=1,2,\cdots,a)$$ （3-6）

（2）统一处理法。将实测系列与特大值系列共同组成一个不连序系列，作为代表总体的一个样本，不连序系列各项可在历史调查期 N 年内统一排位，该方法称为统一处理法。

在样本序列中，为首的 a 项占据 N 中的前 a 个序位，其经验频率采用频率次序统计量的数学期望公式（也称为 Weibull 公式），即

$$P_M=\frac{M}{N+1}\quad(M=1,2,\cdots,a)$$ （3-7）

而实测期 n 内的 $n-l$ 个一般洪水是 N 年样本的组成部分，由于它们都不超过 N 年为首的 a 项洪水，因此其概率分布不再是从 0 到 1，而只能是从 P_a 到 1（P_a 是第 a 项特大洪水的经验频率）。于是对实测期的一般洪水，假定其第 m 项的经验频率在 $(P_a,1)$ 区间内线性变化，则可以根据插值计算经验频率，即

$$P_m = P_a + (1-P_a)\frac{m-l}{n-l+1} \quad (m=l+1,\cdots,n) \tag{3-8}$$

上述两种方法我国目前都在使用，区别在于公式中是否直接引入 l 个洪水已经抽出作为特大洪水在 N 中排位。第一种方法比较简单，但是在使用公式点绘不连序系列时，会出现所谓的"重叠"现象，而且在假定不连序系列是两个相互独立的连序样本条件下，没有对第一个公式作严格的推导。当调查考证期 N 年中为首的数项历史洪水确系连序而无错漏，为避免历史洪水的经验频率与实测系列的经验频率的重叠现象，采用第二种方法较为合适。

二、洪水频率曲线线型选择

样本系列各项的经验频率确定之后，就可以在机率格纸上确定经验频率点据的位置。点绘时，可以不同符号分别表示实测、插补和调查的洪水点据，其为首的若干个点据应标明其发生年份。通过点据中心，可以目估绘出一条光滑的曲线，称为经验频率曲线。

由于经验频率曲线是由有限的实测资料算出的，当求稀遇设计洪水数值时，需要对频率曲线进行外延，而经验频率曲线往往不能满足这一要求，为使设计工作规范化，便于各地设计洪水估计结果有可比性，世界上大多数国家根据当地长期洪水系列点据拟合情况，选择一种能较好地拟合大多数系列的理论线型，以供本国或地区有关工程设计使用。

我国曾采用皮尔逊Ⅲ型曲线和克里茨基-曼开里型曲线作为洪水特征的频率曲线线型。为了使设计工作规范化，自 20 世纪 60 年代以来，一直采用皮尔逊Ⅲ型曲线，作为洪水频率计算的依据，现简略介绍如下。

皮尔逊Ⅲ型曲线是一条一端有限一端无限的不对称单峰、正偏曲线，数学上常称伽玛分布，其概率密度函数为

$$f(x) = \frac{\beta^a}{\Gamma(\alpha)}(x-a_0)^{a-1}\,e^{-\beta(x-a_0)} \tag{3-9}$$

式中：$\Gamma(\alpha)$ 为 α 的伽玛函数；α、β、a_0 分别为皮尔逊Ⅲ型分布的形状尺度和位置未知参数，$\alpha>0$，$\beta>0$。

显然，三个参数确定以后，该密度函数随之可以确定。可以推论，这三个参数与总体三个参数 $\bar{x}$、C_v、C_s 具有如下关系：

$$\alpha = \frac{4}{C_s^2} \tag{3-10}$$

$$\beta = \frac{2}{\bar{x}C_vC_s} \tag{3-11}$$

$$a_0 = \bar{x}\left(1-\frac{2C_v}{C_s}\right) \tag{3-12}$$

C_v 为变差系数，即均方差与均值之比。对于水文现象来说，C_v 的大小反映了河川径

流在多年中的变化状况。例如，由于南方河流水量充沛，丰水年和枯水年的年径流量相对来说变化较小，所以南方河流的 C_v 比北方河流的 C_v 一般要小。又如，大河的径流可以来自流域内几个不同的气候区，可以起到相互调节的作用，所以大流域年径流的 C_v 一般比小流域的小。

C_s 为偏态系数，是衡量系列不对称程度的参数，当随机变量取值左右对称时，$C_s = 0$；当随机变量取值左右不对称时，称为有偏。这时，$C_s \neq 0$；若 $C_s > 0$，称为正偏；若 $C_s < 0$，称为负偏。

水文计算中，一般需要求出指定频率 p 所相应的随机变量取值 x_p，也就是通过对密度曲线进行积分，即

$$P = P(x \geqslant x_p) = \frac{\beta^\alpha}{\Gamma(\partial)} \int_{x_p}^{\infty} (x - a_0)^{a-1} e^{-\beta(x-a_0)} \, dx \tag{3-13}$$

求出等于及大于 x_p 的累积频率 P 值。直接由上式计算 P 值非常麻烦，实际做法是通过变量转换，变换成下面的积分形式：

$$P(\Phi \geqslant \Phi_p) = \int_{\Phi_p}^{\infty} f(\Phi C_s) \, d\Phi \tag{3-14}$$

$$\Phi = \frac{x - \overline{x}}{\overline{x} C_v} \tag{3-15}$$

式中被积函数只含有一个待定参数 C_s，其他两个参数 $\overline{x}$、C_v 都包含在 Φ 中。x 是标准化变量，Φ 称为离均系数（表示的字母），其均值为 0，标准差为 1。

因此，只需要假定一个 C_s 值，便可通过积分求出 P 与 Φ 之间的关系。对于若干个给定的 C_s 值，P 与 Φ 的对应数值表，已先后由美国福斯特和苏联雷布京制作出来，见附表 1。由 Φ_p 就可以求出相应频率 P 的 x 值：

$$x = \overline{x}(1 + C_v \Phi) \tag{3-16}$$

在频率计算时，有已知的 C_s 值，查 Φ_p 值表得到不同 P 的 Φ_p 值，然后利用已知的 $\overline{x}$、C_v 值，通过式（3-16）即可求出与各种 P 值对应的 x_p 值，因此就可以绘制频率曲线。例如，已知某地年平均径流深 $\overline{R} = 1000 \text{mm}$，$C_v = 0.25$，$C_s = 0.50$，若年径流的分布符合皮尔逊Ⅲ型，试求频率为 1% 的年径流深。

由 $C_s = 0.5$，$P = 1\%$，查附表 1 得 $\Phi_p = 2.68$，所以

$$R_{1\%} = \overline{R}(1 + \Phi_p C_v) = 1000 \times (1 + 2.68 \times 0.25) = 1670 \text{(mm)}$$

当 C_s 等于 C_v 的一定倍数时，皮尔逊Ⅲ型频率曲线的模比系数 K_p 值，已经制成网格，见附表 2。频率计算时由已知的 C_v 和 C_s 可以从附表 2 中查出与各种频率 P 相对应的 K_p 值，然后即可算出与各种频率相对应的 x_p 值。有了 P 和 x_p 的一些对应值，即可绘制出频率分布曲线。

三、洪水频率曲线参数估计

在概率分布函数中都含有一些表示分布特征的参数。水文频率曲线线型确定后需确定其中参数，皮尔逊Ⅲ型曲线参数估计方法主要有矩法、三点法、权函数法等。

1. 矩法

矩法是用样本矩估计总体矩，并通过矩和参数之间的关系来估计频率曲线参数的一种方法。

随机变量 X 对原点离差的 k 次幂的数学期望 $E(Xk)$，称为随机变量 X 的 k 阶原点矩。而随机变量 X 对分布中心 $E(X)$ 离差的 k 次幂的数学期望 $E\{[x-E(x)]^k\}$，则称为 X 的 k 阶中心矩。在水文分析计算中，变差系数 C_v、均值 $\bar{x}$ 和偏态系数 C_s 的计算式如下：

$$C_v = \frac{\sigma}{\bar{x}} = \sqrt{\frac{\sum (K_i - 1)^2}{n}} \tag{3-17}$$

$$\bar{x} = \frac{x_1 + x_2 + \cdots + x_n}{n} = \frac{1}{n}\sum_{i=1}^{n} x \tag{3-18}$$

$$\sigma = \sqrt{\frac{\sum (x_i - \bar{x})^2}{n}} \tag{3-19}$$

$$C_s = \sum \frac{(K_i - 1)^3}{nC_v^3} \tag{3-20}$$

其中
$$K_i = \frac{x_i}{\bar{x}}$$

式中：σ 为均方差；K_i 为模比系数。

式（3-17）、式（3-18）、式（3-20）为矩法公式。一阶原点矩的计算公式就是均值 $\bar{x}$，均方差 σ 的计算式（3-19）为二阶中心矩开方，偏态系数 C_s 计算式（3-20）中的分子则为三阶中心矩。

由样本系列计算出来的统计参数与总体同名参数存在误差，因此需要将上述公式加以修正，修正后的参数计算式为

$$\bar{x} = \frac{1}{n}\sum_{i=1}^{n} x_i \tag{3-21}$$

$$\sigma = \sqrt{\frac{\sum (x_i - \bar{x})^2}{n-1}} \tag{3-22}$$

$$C_v = \sqrt{\frac{\sum (k_i - 1)^2}{n-1}} \tag{3-23}$$

$$C_s \approx \frac{\sum (k_i - 1)^3}{(n-3)C_v^3} \tag{3-24}$$

水文计算上习惯称上述公式为无偏估计值公式，并用它们估算总体参数，作为配线法的参考数值。C_s 抽样误差的大小，随样本容量 n 大小而变化，样本容量大，对总体的代表性就好，实际应用中取 C_v 与 C_s 倍比关系进行确定。

2. 三点法

三点法是在已知的皮尔逊Ⅲ型曲线上任取三点，其坐标为 (x_{p_1}, P_1)、(x_{p2}, P_2)、(x_{p3}, P_3)，由式（3-22）可以建立 3 个方程，联解便可得到 3 个统计参数。

先按经验频率点绘出经验频率曲线，并假定它近似代表皮尔逊Ⅲ型曲线。在此曲线上取3个点：P_2 一般都取 50%，P_1 和 P_2 则取对称值，即 $P_2=1-P_1$。一般多用 $P=5\%-50\%-95\%$；相应有 x_{p_1}、x_{p2}、x_{p3} 三个值，如图 3-3 所示。

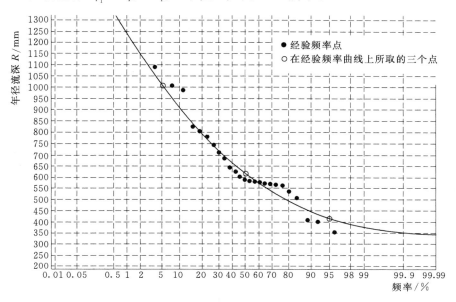

图 3-3　三点法在经验频率曲线上取点示意图

令
$$S=\frac{x_{p1}+x_{p3}-2x_{p2}}{x_{p1}-x_{p3}} \tag{3-25}$$

称 S 为偏度系数，当 P_1、P_2、P_3 已取定时，则有 $S=M(C_s)$ 的函数关系，并已制成"三点法用表——S 与 C_s 关系表"，见附表3。当用式（3-25）计算出 S 后，就可从查算表中查出相应的 C_s 值。统计参数就可用下面的公式计算：

$$\sigma=\frac{x_{p1}-x_{p3}}{\Phi(P_1,C_s)-\Phi(P_3,C_s)} \tag{3-26}$$

及
$$\overline{x}=x_{p2}-\sigma\Phi(P_2,C_s) \tag{3-27}$$

$$C_v=\frac{\sigma}{\overline{x}} \tag{3-28}$$

其中离均系数 $\Phi(P_1,C_s)$、$\Phi(P_2,C_s)$、$\Phi(P_3,C_s)$ 可从已知的 P、C_s 查附表1得到。

3. 权函数法

当样本容量较小时，用矩阵法估计参数会产生一定的计算误差，其中尤以 C_s 的计算误差较大。为提高 C_s 计算精度，近年来提出了不少方法，其中以权函数法比较有效。权函数法的实质在于用一、二阶权函数矩来推求 C_s，具体计算式如下：

$$C_s=-4\sigma\frac{E}{G} \tag{3-29}$$

其中
$$E=\int_{a_0}^{\infty}(x-\overline{x})\varphi(x)f(x)\,\mathrm{d}x\approx\frac{1}{n}\sum_{i=1}^{n}(x-\overline{x})\varphi(x_i) \tag{3-30}$$

$$G = \int_{a_0}^{\infty} (x - \overline{x})^2 \, \varphi(x) f(x) \mathrm{d}x \approx \frac{1}{n} \sum_{i=1}^{n} (x - \overline{x})^2 \, \varphi(x_i) \qquad (3-31)$$

$\varphi(x)$ 称为权函数，一般用正态分布的密度函数表示，即

$$\varphi(x) = \frac{1}{\sigma \sqrt{2\pi}} \mathrm{e}^{-\frac{1}{2}\left(\frac{x-\overline{x}}{\sigma}\right)^2} \qquad (3-32)$$

四、水文频率计算常用方法——适线法

在洪水频率计算中，我国规范统一规定采用适线法。适线法是在经验频率点据和频率曲线线型确定之后，通过调整参数使曲线与经验频率点据配合得最好，此时的参数就是所求曲线线型的参数，从而可以计算设计洪水值。适线的原则是尽量照顾点群趋势，使曲线通过点群中心，当经验点据与曲线线型不能全面拟合时，可侧重考虑上中部分的较大洪水点据，对调查考证期内为首的几次特大洪水，要作具体分析。一般说来，年代越久的历史特大洪水加入系列进行配线，对合理选定参数的作用越大，但这些资料本身的误差可能较大。因此，在适线时不宜机械地通过特大洪水点据，否则使曲线对其他点群偏离过大，但也不宜脱离大洪水点据过远。

适线法的具体步骤如下：

（1）点绘经验频率点据（把资料从大到小排列，按自然数顺序编号，根据 $P = \frac{m}{n+1}$ 计算经验频率，以变量值为纵坐标、以相应的经验频率值为横坐标，在机率格纸上点绘出点据）。

（2）用无偏估计公式计算均值、变差系数。

（3）假定一个 C_s ［年径流问题 $C_s = (2\sim3)C_v$，暴雨、洪水问题 $C_s = (2.5\sim4)C_v$］。

（4）选定线型，一般用皮尔逊Ⅲ型。

（5）根据三个统计参数查 Φ 值表或 K 值表，计算出各频率对应的变量值，点绘出一条皮尔逊Ⅲ型曲线。

（6）分析皮尔逊Ⅲ型曲线与经验点据的拟合情况，如果满意，则该曲线对应的三个统计参数就作为总体参数的估计值。如果不满意，则修改参数，再画一条皮尔逊Ⅲ型曲线拟合，直到满意为止。

【例 3-1】　某河水文站实测洪峰流量资料包含历史特大洪水资料 3 年，按不连序系列经验频率公式计算，经验频率点据如图 3-4 所示。采用适线法推求百年一遇设计洪峰流量。

解：

（1）计算样本系列洪峰流量均值

$$\overline{Q} = 2000 \mathrm{m}^3/\mathrm{s}$$

（2）计算样本系列洪峰流量的均方差

$$\sigma = 1406 \mathrm{m}^3/\mathrm{s}$$

则有
$$C_v = \frac{\sigma}{x} = 0.703$$

为便于查表，一般可先取皮尔逊Ⅲ型频率曲线的模比系数 K_P 值表中与 C_v 计算值接近的 C_v，故取 $C_v = 0.70$。

取 $C_s = 2C_v$，查皮尔逊Ⅲ型频率曲线的模比系数 K_P 值表，将其结果列入表3－1中第（2）栏，按 $Q_P = K_P \overline{Q}$ 计算 Q_P 值列入第（3）栏。将表3－1的第（1）、（3）栏的对应数值点绘在图3－4上，与经验频率比较，发现曲线的中上部点据偏于经验点据下方较多，而尾部偏高，根据该情况调整 C_v 值使其增大，进行第二次配线。取 $C_v = 0.80$、$C_s = 2C_v$，将计算成果列入表3－1中第（4）、（5）栏，配线结果较为合适，如图3－4中实线所示。以上参数即为所求，百年一遇的设计洪峰流量为 $7420\text{m}^3/\text{s}$。

表 3 - 1　　　　　　　　　　　　　频率曲线配线计算表

频率	第一次配线 $\overline{Q}=2000\text{m}^3/\text{s}$ $C_v=0.70$ $C_s=2C_v$		第二次配线 $\overline{Q}=2000\text{m}^3/\text{s}$ $C_v=0.80$ $C_s=2C_v$		频率	第一次配线 $\overline{Q}=2000\text{m}^3/\text{s}$ $C_v=0.70$ $C_s=2C_v$		第二次配线 $\overline{Q}=2000\text{m}^3/\text{s}$ $C_v=0.80$ $C_s=2C_v$	
$P/\%$	K_P	$Q_P/(\text{m}^3/\text{s})$	K_P	$Q_P/(\text{m}^3/\text{s})$	$P/\%$	K_P	$Q_P/(\text{m}^3/\text{s})$	K_P	$Q_P/(\text{m}^3/\text{s})$
（1）	（2）	（3）	（4）	（5）	（1）	（2）	（3）	（4）	（5）
1	3.29	6580	3.71	7420	50	0.85	1700	0.80	1600
2	2.90	5800	3.22	6440	75	0.49	980	0.42	840
5	2.36	4720	2.57	5140	90	0.27	540	0.21	420
10	1.94	3880	2.06	4120	95	0.18	360	0.12	240
20	1.50	3000	1.54	3080	99	0.08	160	0.04	80

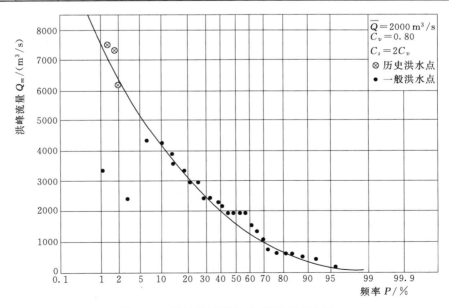

图 3－4　某站洪峰流量 P-Ⅲ型频率曲线

第三节　洪水频率计算成果的合理性
检查和抽样误差

一、合理性检查

在洪峰、洪量频率计算中，不可避免地存在着各种误差，因此需对计算成果进行合理性检查，检查工作一般从以下三个方面进行：

（1）根据本站频率计算成果，检查洪峰、各时段洪量的统计参数与历时之间的关系。一般来说，随着历时的增加，洪量的均值也逐渐增大，而时段平均流量的均值则随历时的增加而减小。C_v、C_s 在一般情况下随历时的增长而减小，但对于连续暴雨次数较多的河流，随着历时的增长，C_v、C_s 反而加大，如浙江省新安江流域就有这种现象。所以参数的变化还要和流域的暴雨特性和河槽调蓄作用等因素联系起来分析。

另外，还可以从各种历时的洪量频率曲线对比分析，要求各种曲线在使用范围内不应有交叉现象，当出现交叉时，应复查原始资料和计算过程有无错误，统计参数是否选择得当。

（2）与上下游站、干支流站及邻近地区各河流洪水的频率分析成果进行比较，如气候、地形条件相似，则洪峰、洪量的均值应自上游向下游递增，其模数则由上游向下游递减。

如将上下游站、干支流站同历时最大洪量的频率曲线绘在一起，下游站、干流站的频率曲线应高于上游站和支流站，曲线间距的变化也有一定的规律。

（3）与暴雨频率分析成果进行比较。一般来说，洪水的径流深应小于相应时段的暴雨深，而洪水的 C_v 值应大于相应暴雨量的 C_v 值。

二、抽样误差与安全修正

水文系列是一个无限总体，而实测洪水资料是有限样本，用有限样本估算总体的参数必然存在抽样误差。由于设计洪水值是一个随机变量，抽样分布的确切形式又难以获得，只能根据设计洪水估计值抽样分布的某些数字特征（如抽样方差）来表征它的随机特性。

频率计算中，统计参数的抽样误差与所选的频率曲线线型有关。对皮尔逊Ⅲ型分布，设计值估计量抽样分布的标准差近似有下式计算，即

$$\sigma_{x_p} = \frac{\bar{x} C_v}{\sqrt{n}} B \qquad (3-33)$$

式中：B 为偏态系数 C_s 和设计频率 P 的函数，通过诺模图进行查询，如图 3-5 所示。

对大型工程或重要的中型工程，用频率分析计算的校核标准洪水，应计算抽样误差。经综合分析检查后，如成果有偏小的可能，应加安全修正值，一般不超过计算值的 20%。

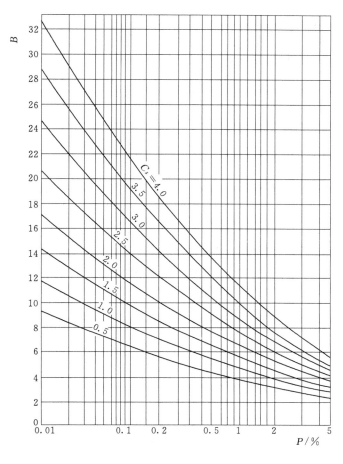

图 3-5 诺模图

第四节 设计洪水过程线的推求

设计洪水过程线的推求采用典型洪水放大法，即从实测洪水中选出和设计要求相近的洪水过程线作为典型洪水，然后按设计的洪峰和洪量将典型洪水过程线放大。此法的关键是如何恰当地选择典型洪水和如何放大。

通过洪水频率计算，可以求得一定频率的洪峰和洪量，但是在规划设计中常需要一条洪水过程线，即"设计洪水过程线"来确定建筑物的规模尺寸等。

一、典型洪水过程线的选择原则

典型洪水过程线的选择原则一般要考虑以下几方面：

（1）选择峰高量大的洪水过程线。因为这种情况是比较接近于设计条件下稀遇洪水的情况。若峰高量大的过程线较多时，则应从其中选择较易出现的有代表性的典型。

（2）选择峰形比较集中，并且主峰靠后的过程线作为典型。这是从工程偏于安全考虑，因为这种情况求得的防洪库容往往较大。

选择典型洪水的原则为"可能"和"不利"，具体主要表现在以下几方面：

23

1）资料完整，精度较高，接近设计值的实测大洪水过程线。

2）具有较好的代表性，即在发生季节、地区组成、峰型、主峰位置、洪水历时及峰、量关系能代表设计流域大洪水的特性。

3）选择对防洪不利的典型，具体地说，就是选"峰高量大、主峰偏后"的典型洪水。

4）如水库下游有防洪要求，应考虑与下游洪水遭遇的不利典型。

二、典型洪水过程线的放大方法

对典型洪水过程线的放大，有同倍比放大和同频率放大两种方法。

1. 同倍比放大法

以设计洪峰或设计洪量作控制，按同一个倍比放大典型过程线的各纵坐标值，从而得到设计洪水过程线，此法称为同倍比放大法。若规划设计的工程，洪峰起决定性作用时，则将典型过程线按洪峰的放大倍比 K_Q 放大，并使放大后的洪峰等于设计洪峰，称为"按峰放大"，如图 3-6 中（a）所示。当规划设计的工程，洪量起决定性作用时，可将典型过程线按洪量的放大倍比 K_W 放大，使放大后的洪量等于设计洪量，称为"按量放大"，如图 3-6 中（b）所示。同倍比放大法比较简单，计算工作量较小。但是，此法常使设计洪峰或设计洪量的放大结果偏大或偏小。

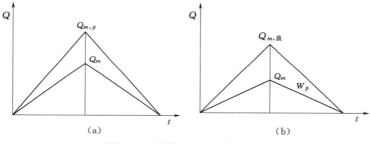

图 3-6　同倍比放大法示意图
（a）按峰放大；（b）按量放大

（1）按峰放大。例如典型洪水的洪峰为 Q_m，设计洪峰为 $Q_{m,p}$，采用倍比系数 $K_Q = Q_{m,p}/Q_m$。以 K_Q 乘以典型洪水过程线的每一纵高，即为设计洪水过程线。这种方法适用于洪峰流量起决定影响的工程，如桥梁、涵洞、堤防等，主要考虑能否宣泄洪峰流量，而与洪水总量关系不大。

（2）按量放大。令典型洪水总量为 W_t，设计洪水总量为 $W_{t,p}$，采用倍比系数 $K_W = W_{t,p}/W_t$，以 K_W 乘以典型洪水过程线的每一纵高，即为设计洪水过程线。这种方法适用于洪量起决定影响的工程，如分洪区、排涝工程等，主要考虑能容纳和排出多少水量，而与洪峰无多大关系。

【例 3-2】　已求得某站年最大 3 天洪量频率曲线的统计参数：$\overline{W_p} = 2160$ 万 m^3，$C_v = 0.5$，$C_s = 3.5C_v$，线型为 P-Ⅲ型，并选得典型洪水过程线见表 3-2。试按同倍比放大法（按三天洪量的倍比）推求该站千年一遇设计洪水过程线。

解：

（1）计算离均系数 Φ_P

根据 $C_v = 0.5$、$C_s = 3.5C_v$，查表得到 $P = 0.1\%$ 对应的离均系数 $\Phi_P = 5.57$。

表 3-2   典 型 洪 水 过 程 线

时间/h	0	6	12	18	24	30	36	42	48	54	60	66	72
流量/(m³/s)	50	76	124	237	580	320	210	150	110	80	70	60	50

（2）计算设计洪量

$$W_{3d,p=0.1\%} = \overline{W}_{3d}(1 + \phi_p C_v) = 2160 \times (1 + 5.57 \times 0.5) = 8176(万 \ m^3)$$

（3）计算放大倍比系数

从典型洪水过程线计算得三天洪量为 4465 万 m³，则

$$K = \frac{W_{3d,p=0.1\%}}{W_{3d}} = \frac{8176}{4465} = 1.83$$

（4）求千年一遇设计洪水过程线：用放大倍比 1.83 乘典型洪水流量过程即得，结果见表 3-3。

表 3-3   设 计 洪 水 过 程 线

时间/h	0	6	12	18	24	30	36	42	48	54	60	66	72
设计洪水/(m³/s)	92	139	227	434	1061	586	384	275	201	146	128	110	92

对于同一个典型，"按量放大"和"按峰放大"所得到的过程线也是不一样的。换句话说，"按量放大"的过程线，其洪峰不等于设计频率的洪峰；"按峰放大"的过程线，其设计历时内的洪量也不等于设计频率的洪量。为了克服这个矛盾，目前设计洪水多采用同频率放大法。

2. 同频率放大法

在放大典型过程线时，按洪峰不同历时的洪量分别采用不同倍比，使放大后的过程线的洪峰及各种历时的洪量分别等于设计洪峰和设计洪量。也就是说，放大后的过程线，其洪峰流量和各种历时的洪水总量都符合同一设计频率，称为"峰、量同频率放大"，简称"同频率放大"。此法较能适应多种防洪工程的特性，目前大中型水库规划设计中，主要是采用此法。

在图 3-7 中，现取洪量的历时为 1 天、3 天、7 天、15 天，则典型各段的放大倍比可计算如下：

洪峰的放大倍比：

$$K_Q = Q_p / Q_典 \tag{3-34}$$

1 天洪量的放大倍比：

$$K_{1天} = W_{1,p} / W_{1,典} \tag{3-35}$$

式中：Q_p 为设计洪峰流量；$Q_典$ 为典型洪峰流量；$W_{1,p}$ 为设计 1 天洪量；$W_{1,典}$ 为典型 1 天洪量。

"典型"的洪峰和 1 天洪量可分别按上式进行放大。怎样放大 3 天的洪量呢？由于 3 天之中包括 1 天，$W_{3,p}$ 中包括有 $W_{1,p}$，$W_{3,典}$ 中包括了 $W_{1,典}$，而"典型"1 天的过程线已经按 $K_{1天}$ 放大了。因此对"典型"3 天的过程线只需要把 1 天以外的部分进行放大。因为

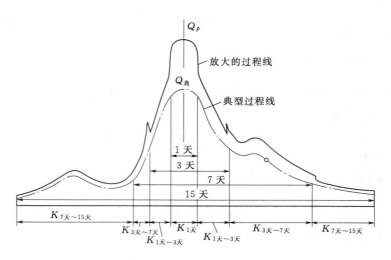

图 3-7　各时段放大比及锯齿形过程线示意图

1 天以外，3 天以内的典型洪量为 $W_{3,典}-W_{1,典}$，设计洪量为 $W_{3,p}-W_{1,p}$。所以这一部分的放大倍比为

$$K_{1-3}=\frac{W_{3,p}-W_{1,p}}{W_{3,典}-W_{1,典}}\qquad(3-36)$$

同理，在放大典型过程线 3～7 天的部分时，放大倍比为

$$K_{3-7}=\frac{W_{7,p}-W_{3,p}}{W_{7,典}-W_{3,典}}\qquad(3-37)$$

【例 3-3】　已求得某站百年一遇洪峰流量和 1 天、3 天、7 天洪量分别为：$Q_{m,p}=2790\text{m}^3/\text{s}$、$W_{1d,p}=1.2$ 亿 m^3、$W_{3d,p}=1.97$ 亿 m^3、$W_{7d,p}=2.55$ 亿 m^3。选得典型洪水过程线，并计算得典型洪水洪峰及各历时洪量分别为：$Q_m=2180\text{m}^3/\text{s}$、$W_{1d}=1.06$ 亿 m^3、$W_{3d}=1.48$ 亿 m^3、$W_{7d}=1.91$ 亿 m^3。试按同频率放大法计算百年一遇设计洪水的放大系数。

解：

洪峰的放大倍比 $K_Q=\dfrac{Q_{m,p}}{Q_m}=\dfrac{2790}{2180}=1.280$

1 天洪量的放大倍比 $K_{w1}=\dfrac{W_{1d,P}}{W_{1d}}=\dfrac{1.2}{1.06}=1.132$

3 天之内，1 天之外的洪量放大倍比 $K_{W3-1}=\dfrac{W_{3d,p}-W_{1d,p}}{W_{3d}-W_{1d}}=\dfrac{1.97-1.20}{1.48-1.06}=1.833$

7 天之内，3 天之外的洪量放大倍比 $K_{W7-3}=\dfrac{W_{7d,p}-W_{3d,p}}{W_{7d}-W_{3d}}=\dfrac{2.55-1.97}{1.91-1.48}=1.349$

三、设计洪水过程线的绘制

在应用同频率放大法进行典型放大过程中，由于在两种天数衔接的地方放大倍比 K 不一样，因而在放大后的交界处产生不连续的突变现象，使过程线呈锯齿形，如图 3-7 所示。此时可以徒手修匀，使其成为光滑曲线。但要保持设计洪峰和各种历时的设计洪量不变。修匀工作见下面的实例。

此法优点是求出来的过程线比较符合设计标准，缺点是可能与原来的典型相差较远，其至形状有时也不能符合自然界中河流洪水形成的规律。为改善这种状况，应尽量减少放大的层次。例如除洪峰和最大历时的洪量外，再只取一种对调洪计算起直接控制作用的历时，称为控制历时，并依次按洪峰、控制历时和最长历时的洪量进行放大。但控制历时与水库泄洪建筑物的种类和条件以及水库的调洪方式等因素有关，当这些因素变化时，控制历时也要相应地改变。

【例 3 - 4】　某水库千年一遇设计洪水洪峰和各历时洪量计算成果、典型洪水洪峰和各历时洪量计算成果见表 3 - 4，经分析选定 1991 年 8 月的一次洪水为典型洪水，洪水过程线见表 3 - 5 中"典型洪水过程线"一栏，试用同频率法推求设计洪水过程线。

表 3 - 4　　　　　　　　设计洪水和典型洪水特征值统计成果

项　　目	洪峰 /(m³/s)	洪量/[(m³/s)·h]		
		一日	三日	七日
设计洪水洪峰及各历时洪量	7595	119549	203440	270563
典型洪水洪峰及各历时洪量	4900	74718	121545	159255
起止时间	6 日 8 时	6 日 2 时—7 日 2 时	5 日 8 时—8 日 8 时	4 日 8 时—11 日 8 时
放大倍比	1.55	1.60	1.91	1.78

解：

（1）计算典型洪水的洪峰和各历时洪量及放大倍比，结果见表 3 - 5 "放大倍比 K"一栏。

（2）依次进行逐时段放大，结果见表 3 - 5 "设计洪水过程线"一栏。

（3）对逐时段放大的设计洪水过程线修匀，最后得设计洪水过程线见表 3 - 5 "修匀后的设计洪水过程线"一栏。

表 3 - 5　　　　　　　　同频率放大法设计洪水过程线计算表

典型洪水过程线		放大倍比 K	设计洪水过程线 /(m³/s)	修匀后的设计洪水 过程线/(m³/s)
月　日　时	Q(m³/s)			
8　4　8	268	1.78	477	477
20	375	1.78	668	668
5　8	510	1.78/1.91	908/974	908
20	915	1.91	1748	1748
6　2	1780	1.91/1.60	3400/2848	3314
8	4900	1.55/1.60	7595/7840	7595
14	3150	1.60	5040	5040
20	2583	1.60	4133	4133
7　2	1860	1.60/1.91	2976/3553	3000
8	1070	1.91	2044	2044
20	885	1.91	1690	1690

续表

典型洪水过程线			放大倍比 K	设计洪水过程线 /(m³/s)	修匀后的设计洪水 过程线/(m³/s)
月	日	时	Q(m³/s)		
8	8		727	1.91/1.78	1389/1294	1342
	20		576	1.78	1025	1025
9	8		411	1.78	732	732
	20		365	1.78	650	650
10	8		312	1.78	555	555
	20		236	1.78	420	420
11	8		230	1.78	409	409

（4）应用同频率法得到的设计洪水过程线与典型洪水过程线如图 3-8 所示。

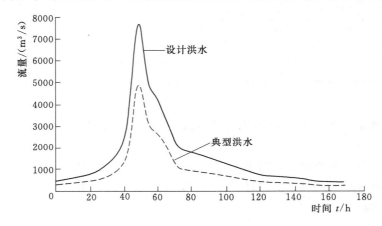

图 3-8　某水库 $P=0.1\%$ 设计洪水与典型洪水过程线

（5）合理性分析。从统计参数和设计值看，洪量的均值随时段增长而变大，C_v 随统计时段增长而减小，C_s/C_v 均为 2.5，符合洪水统计参数变化的一般规律。另外，将该站的统计参数与相邻流域进行比较，表明也是协调的，并与暴雨在地区上的变化相一致。表明上述计算成果是可靠的，可以作为工程设计的依据。

第四章 由暴雨资料推求设计洪水

第一节 概　　述

一、问题的提出

在实际工作中，由于中小流域流量资料较少或甚至不存在流量资料，无法直接应用流量资料推求设计洪水。我国大部分地区的洪水主要由暴雨形成，可通过对暴雨资料分析求得设计暴雨，再通过产汇流计算推求设计洪水。之所以采用暴雨推求设计洪水，主要是基于以下几方面考虑：

（1）在中小流域上兴建水利工程，经常遇到流量资料不足或代表性较差，难以使用相关方法进行插补延长。因此，需要应用暴雨资料推求设计洪水。

（2）由于人类活动的影响，使径流形成的条件发生显著的改变，破坏了洪水资料的一致性。因此，可以通过暴雨资料，用人类活动后新的径流形成条件推求设计洪水。

（3）为了用多种方法进行推算设计洪水，以论证设计成果的合理性，即使是流量资料充足的情况下，也要用暴雨资料推求设计洪水。

（4）无资料地区小流域的设计洪水和保坝洪水，一般都是根据暴雨资料推求的。

雨量资料的观测要比流量资料的观测较为容易，且不受下垫面条件变化的影响，同时雨量站的分布相对水文站而言较为稠密，观测年限也比较长。这不仅为直接利用暴雨资料推求设计洪水，而且为研究暴雨的地区变化规律，以推求无资料地区的设计暴雨和洪水奠定了良好的基础。因此，该方法在实际工作中得到了广泛的应用。

二、主要内容

所谓设计暴雨，如同设计洪水概念一样，包括指定历时内的流域面雨量及其时空变化。由于暴雨的时空变化的概率难以确定，面对一定历时内的流域面雨量的频率是可以确定的，因而，假定设计洪水的频率同流域面雨量的频率是相同的，即所谓的"雨洪同频"。用流量资料计算设计洪水所采用的频率分析计算原理和方法基本上都可用于设计暴雨。但暴雨分析也具有某些特殊性，如特大暴雨的移用与处理，统计参数的地区综合，以及暴雨点面关系和面雨型的分析等，需另行研究。

由暴雨资料推求设计洪水，主要的内容为根据实测暴雨资料，采用统计分析和典型放大的方法求得设计暴雨；根据实测暴雨洪水资料，利用径流形成的基本原理，通过成因分析方法拟定流域产流方案，推求设计净雨；根据汇流概念，用成因分析法拟定流域汇流方案，计算设计净雨过程，然后推求相应的洪水过程。本章主要讨论暴雨的特性分析、点暴雨量的频率计算、面暴雨量的频率计算、设计暴雨量的时空分布计算和由设计暴雨推求设计洪水等内容。

第二节　暴雨资料的审查及暴雨特性分析

一、暴雨资料的收集与审查

1. 暴雨资料的收集

暴雨资料的主要来源是国家气象局、气象部门所刊印的雨量站网观测资料，但也要注意搜集有关部门专用雨量站和当地群众雨量站的观测资料。强度特大的暴雨中心点雨量，往往不易为雨量站所测到，因此必须结合调查搜集暴雨中心范围和历史上特大暴雨资料，了解当时雨情，尽可能估计出调查地点的暴雨量。

雨量资料按照观测方法与观测次数的不同，有日雨量资料、分段雨量资料和自记雨量资料三种。由于定时观测资料人为地把一次降雨过程分开记载，因此根据它获得的时段最大值，往往比相应时段由自记雨量资料得到的值要小。在应用时，可根据实际资料进行分析，求得校正系数，对定时观测的最大雨量进行修正。

2. 暴雨资料的审查

暴雨资料的审查主要包括对资料的代表性和可靠性进行审查。代表性主要是审查资料是否有足够数量的测站用来计算面雨量；站网分布情况能否反映地理、气象、水文分区的特性；同时还要分析暴雨的特性。对不同类型的暴雨（如梅雨和台风雨）应按类型分别取样，与不分类型而按最大值取样，频率计算成果不一样。因此计算设计暴雨时，要因地制宜，合理选定计算方法。

暴雨资料的可靠性审查主要是审查特大或特小雨量观测是否真实，有无错记或漏测情况，必要时可结合实际调查，予以纠正。检查自记雨量资料有无仪器故障的影响，并与相应定时段雨量观测记录比较，尽可能审定其准确性。

二、暴雨资料的插补与延长

在暴雨资料中，有时各站暴雨资料观测时间长短不一，甚至缺测。为了便于进行频率计算，应当设法延长或插补，一般可用下列几种方法进行：

（1）如邻站距离较近，又在气候一致区内，可直接借用邻站暴雨资料。

（2）当邻近地区测站较多时，大水年份可绘制次暴雨等值线图进行插补；一般年份可用邻近各站的平均值插补。

（3）如与洪水峰量相关关系较好，可建立暴雨和洪水峰或量的相关关系进行插补。

（4）如两个相邻的雨量站，短系列站 A 的暴雨均值为 $\overline{P}_A$，而邻近长系列站 B 的暴雨均值为 $\overline{P}_B$，其与站 A 同期的暴雨均值为 $\overline{P}_{BA}$，则 A 站资料延长至与站 B 同期的暴雨均值为 $\overline{P}_{A-B}=(\overline{P}_B/\overline{P}_{BA})\overline{P}_A$。

三、特大暴雨的形成与处理

1. 特大暴雨的形成

在我国，气旋和台风是形成暴雨的主要原因，而形成雨量较大的暴雨，需要具备水汽和动力两个方面的条件，既需要源源不断的暖湿空气，还需要强烈的上升运动。气象资料表明，特大暴雨和一般暴雨之间差别主要是表现在"量"上，很难说在"质"上有多少改变。各次特大暴雨是由于众多因素组合遭遇而构成了有利于降雨的条件，即包括特别充分的水汽供应和特别强烈的上升运动。

现以 1975 年 8 月河南省驻马店地区的特大暴雨（简称"75·8"暴雨）为例，来具体说明暴雨过程。1975 年 8 月 4—8 日，由于 3 号台风深入内陆所形成的强烈低压系统，挺进到长沙转而北上，移入河南省境内，停滞了 2～3 天，与自北方南下的冷空气形成对峙的局面。由于这种热低压系统，从海洋携带大量水汽，与强冷空气遭遇，形成强烈的辐合，加上地形抬升作用，造成了这次历史上罕见的特大暴雨。在这次暴雨形成过程中，存在很多随机因素。可以设想，如果某些因素或条件略有改变，则各时段雨量或雨区内各处点雨量的分布形式就会完全改观。

由于形成各次特大暴雨的气象条件多种多样，而且雨区的地形千差万别，所以特大暴雨雨量的时空分布并不相同，应当统计分析当地历次实测特大暴雨资料，包括其平均和恶劣情况，作为估计暴雨可能出现情势的依据。

2. 特大暴雨的处理

暴雨资料系列的代表性与系列中是否包含有特大暴雨有直接关系。一般暴雨变幅不是很大，若不出现特大暴雨，统计参数 $\bar{x}$、C_v 往往偏小。若在短期资料系列中，一旦出现一个罕见特大暴雨，就可使原频率计算成果完全改观。

判断大暴雨资料是否属于特大值，一般可从经验频率点据偏离频率曲线的程度、模比系数 K 的大小、暴雨量级在地区上是否很突出，以及论证暴雨的重现期等方面进行分析判断。

特大值处理的关键是确定重现期。由于历史暴雨无法直接考证，特大暴雨的重现期只能通过小河洪水调查，并结合流域所在地历史文献有关灾情资料的记载分析估计。一般认为，当流域面积较小时，流域平均雨量的重现期与相应洪水的重现期相近。当本流域无特大暴雨时，而邻近流域已出现特大暴雨，通过对气象成因及下垫面地形条件的相似性分析，若有可能出现在本流域，则也可移用该暴雨。移植时，一般保持重现期不变，但在数量上做一定的调整，通常将移植流域的特大暴雨乘以一个移植系数，移植系数通过设计流域汛期多年平均雨量与移植流域汛期多年平均雨量之比得到。

四、暴雨的时空分布特征

一次暴雨在时间上和空间上是不断变化和发展的，无法用少数几个指标对一次暴雨作出全面的描述，每次暴雨过程都具有各自的特点。有的暴雨特别猛烈，例如上述的河南"75·8"暴雨，林庄站 6h 暴雨量达 830.1mm；内蒙古的"77·8"暴雨，乌审召 8h 雨量达到 1050mm；有些暴雨不但历时长，且量也特别大，如河北的"63·8"暴雨，獐么站 7天雨量达 2051mm。此外，各次暴雨笼罩的面积及其分布也不相同，如内蒙古的"77·8"暴雨，暴雨量在 200mm 以上的面积仅 1500km²，降水总量为 45.2 亿 m³；而湖北清江的"35·7"暴雨，在 120000km² 范围内，5 天降水总量为 600 亿 m³。由国内外暴雨量历史最大值的记录也可看出各次特大暴雨具有各自的特点。

在设计暴雨的计算过程中，需要结合大暴雨成因条件，分析各次大暴雨在时间和空间上的分布特性，作为拟定设计暴雨过程的依据。因此，对流域暴雨时空分布特性的分析至关重要。为了研究暴雨特性，一般是把暴雨过程的时间和空间变化分解开来。一方面研究各站逐时段或逐日的暴雨过程资料，分析暴雨的时间分配特性；另一方面通过暴雨特征

（如年最大 1 日雨量、3 日雨量、7 日雨量等）的分布图，说明暴雨的地区分布特性。

1. 暴雨的时间分配特性

通常是在雨区内，选取若干个雨量站的观测资料作为代表，统计各代表站各种不同时段 t 的最大雨量 P_t，短时段雨量占长时段雨量的百分比 P_{t1}/P_{t2}，并绘出各站暴雨强度在时间上的变化过程，用来说明暴雨量的时程分配情况。例如河南"75·8"暴雨，其过程是从 8 月 4—9 日，历时 5 天。但暴雨量主要集中在 8 月 5—7 日这 3 天，林庄站最大 3 日雨量 P_3 为 1605.3mm，而 5 日雨量 P_5 为 1631.1mm，$P_3/P_5 = 98.4\%$。板桥站 P_3 为 1422.4mm，P_5 为 1451.1mm。而各代表站在 3 天中的最后 1 天（8 月 7 日）的雨量占 3 天的 50%～70%，这一天的雨量又集中在最后的 6h，6h 雨量占 24h 雨量的 50%～80%（林庄站为 78.3%）。"75·8"暴雨为一次雨量集中在后期的暴雨过程，这种雨型对于水库防汛安全是极为不利的。

一般在作暴雨特性分析时，多绘出各代表站的暴雨强度过程，其纵坐标为逐时雨量，横坐标为时间。有时可以绘制流域面积或一定地区上的面平均雨量随时间的变化过程。

2. 暴雨在空间上分布特性

降落在流域上的一次暴雨，其地区分布是不均匀的，为了分析对比各次大暴雨空间分布特性，可绘制各种时段的暴雨量等值线图来说明暴雨在地理上的分布特性。在暴雨等值线图上，环绕暴雨中心，量测逐条等雨深线所笼罩的面积 F，成果列成表，并计算面积 F 上的平均雨量 $P_面$。也可将成果绘制成平均面雨量 $P_面$ 与所笼罩面积 F 的关系曲线，称为面积-雨深曲线，如图 4-1 所示。对于同一次暴雨过程，选取不同的统计时段，得出若干幅雨量等值线图，也可得出各自的笼罩面积 F 与面平均雨量 $P_面$、时段 T 三者关系曲线。我国称此曲线为历时-面积-雨深曲线，简称 DAD 曲线，如图 4-2 所示。

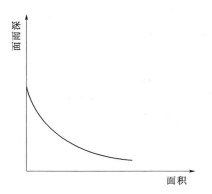

图 4-1　面积-雨深曲线示意图

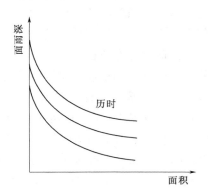

图 4-2　历时-面积-雨深曲线示意图

由于各次大暴雨的成因条件并不相同，相同的面雨量下，其时空分布情况是多种多样的。一般是对当地实测大暴雨资料进行统计分析，从中找出与本流域气候、下垫面条件相应的暴雨时空分布特性，或取较常遇情况，或取其恶劣情况，作为拟定设计暴雨时空分布的依据。

第三节　设计面暴雨量的计算

设计面暴雨量是指设计断面以上流域符合某一设计频率的面暴雨量。一般有两种计算方法，直接计算法和间接计算法。当设计流域雨量站较多、分布比较均匀、各站又有长期的同期资料，能求出可靠的流域平均雨量时，则可直接选取每年指定统计时段的最大面暴雨量，进行频率计算求得设计面暴雨量。

当设计流域内雨量站稀少、或观测资料系列较短、或同期观测资料很少甚至没有，无法直接求得设计面暴雨量时，可用间接方法进行计算，即先求流域中心附近代表站的设计点暴雨量，然后通过暴雨点面的关系，求相应的面暴雨量。

一、设计面雨量的直接计算法

1. 设计流域雨量样本系列

在收集流域内和附近雨量站的资料并进行分析审查、插补延长的基础上，先选定不同的统计时段，找出逐年各种时段的最大暴雨量。习惯上时段多采用单数天数，暴雨中心部分取的密一些，一般取 4 或 5 种统计时段，如 1 天、3 天、5 天、7 天等。统计历时的长短与当地暴雨特性、流域大小、水库调蓄能力与调洪方式等因素有关。逐年各种时段的最大暴雨量，一般是根据逐日的流域面雨量选出来的。例如某流域 1960 年 8 月的暴雨量大而集中，流域内测站分布较均匀，用算术平均法求得该月逐日面雨量量见表 4-1。从表中可选出，最大 1 天面暴雨量为 69.6mm（8 月 14 日），最大 3 天面暴雨量为 85.3mm（8 月12—14 日），最大 7 天面暴雨量为 153.9mm（8 月 12—18 日）。应予指出，短时段最大雨量可以包含在长时段之内，也可以不包含在内，主要以选出该种时段的最大值为准则。

表 4-1　　　　　　　　**某流域 1960 年 8 月逐日面暴雨量表**　　　　　　单位：mm

日　期	1	2	3	4	5	6	7	8
面雨量	0	10.3	0	0	0	10.7	28.2	0
日　期	9	10	11	12	13	14	15	16
面雨量	0	0.7	4.7	10.2	5.5	69.6	2.9	0
日　期	17	18	19	20	21	22	23	24
面雨量	40.1	25.6	0	0	0	0	0	0.4
日　期	25	26	27	28	29	30	31	
面雨量	2.0	4.2	0	0.2	0	0	0	

2. 设计流域暴雨频率计算

有了逐年最大的各种时段面雨量作为样本系列，分别进行频率计算，可求得面暴雨量频率曲线，从而可以确定出设计频率的最大 1 天、3 天、5 天、7 天等面暴雨量。设计暴雨频率计算的步骤、使用的线型及公式，与设计洪水的频率计算方法相同，在此不再多述。但须注意，应将不同历时的面暴雨量频率曲线点绘在同一张机率格纸上，并注明其相应的统计参数加以比较。各种频率的面暴雨量都必须随统计时段增加而加大，如发现频率曲线有交叉等不合理现象时，应对曲线参数进行适当修正。

3. 成果合理性分析

由于暴雨资料系列不够长、特大暴雨难以准确考证等各种因素的影响，使得频率计算成果可能有较大的误差，因此，对设计流域暴雨频率计算的合理性必须进行分析论证。分析的原则与洪水计算的情况基本相同，例如，对设计流域面暴雨量频率计算应将不同历时的面暴雨频率曲线点绘在同一张机率格纸上，并注明其相应的统计参数，各种频率的面暴雨量都应随统计时段增加而加大，频率曲线不应有交叉等不合理现象；与邻近流域相比，要求同一历时的暴雨统计参数和相同频率的设计雨量在地区上的变化，应与地形条件、自然地理特性等因素的变化相协调。若在分析论证过程中存在不合理的现象，应查找原因予以修正。

二、设计面雨量的间接计算法

当设计流域上具有长期观测资料记录的雨量站较少，不能满足应用长期的面雨量系列以组成各种历时的面雨量样本系列时，应改用间接方法推求设计面雨量。间接方法分两步进行，首先求出流域中心处的设计点雨量，然后再通过点雨量和面雨量之间的关系（简称暴雨点面关系），从而推求指定频率的设计面雨量。

1. 设计点暴雨量的计算

设计上所要求的点暴雨量，一般是指流域中心的点暴雨量。如流域中心或附近有一测站，其观测资料系列较长，就可用该站暴雨资料进行频率计算求得设计点暴雨量。如流域中心及其附近没有这种测站，则可先求出所在地区的各个测站的设计点暴雨量，然后利用地理插值法，求出流域中心的设计点暴雨量，或由水文手册中的等值线图进行查取。

进行点暴雨量频率计算时，暴雨资料的统计一般可采用固定时段（如1天、3天、5天、7天等）年最大值选样方法。资料系列必须包括大、中、小暴雨的年份，可与邻近站较长系列资料比较判定。如资料不足，应设法延长雨量系列，也可插补或移用大暴雨资料。移用时再根据自然条件进行分析，必要时可根据均值比修正。对于特大值要估算其重现期，进行频率计算时，应作相应的特大值处理。

暴雨统计参数是否符合地区变化规律，可参考大面积暴雨统计参数等值线图进行分析比较，检查其合理性。暴雨的 C_s 与 C_v 的比值，在地区上或季节上比较稳定。在我国，一般地区 $C_s \approx 3.5 C_v$；C_v 值较大的地区，$C_s \approx (2 \sim 3) C_v$；$C_v$ 值较小的地区，$C_s \approx (4 \sim 5) C_v$。

目前，我国各省（自治区、直辖市）已将各种时段（1天、3天、5天、7天等）年最大暴雨量均值及 C_v 等值线图和 C_s / C_v 的分区数值表编入水文手册，这对无资料地区计算点暴雨量甚为方便。由于等值线图往往只反映大地形对暴雨的影响，不能反映局部地形的影响。因此，一般在资料较少而地形又复杂的山区应用等值线图时要特别注意，应尽可能搜集一些实际资料，如近年来该地区所发生的特大暴雨，相似地区山上、山下的雨量同期观测资料等，对由等值线图查出的数据进行分析比较，必要时做一些修正。

2. 设计面暴雨量的计算

流域中心设计点暴雨量求得后，要用点面关系折算成设计面暴雨量，目前我国水文计算中采用的暴雨点面关系有定点定面关系和动点动面关系两种。

（1）定点定面关系。如图4-3所示的流域中心点雨量与流域面雨量的关系，因点雨量位置（取流域中心）和暴雨面积（恒为流域面积）是固定的，故常称为定点定面关系。

对于一次暴雨某种时段的固定点雨量，有一个相应的面雨量，在定点定面条件下，点面折减系数 α 为

$$\alpha = x_F / x_0 \qquad (4-1)$$

式中：x_F、x_0 分别为某种时段固定面和固定点的暴雨量。

有了若干次某时段暴雨量，则可有若干个 α 值。对于不同时段暴雨量，则又有不同的 α 值。因此，可按设计时段选几次大暴雨的 α 值，取其平均值，作为设计计算用的

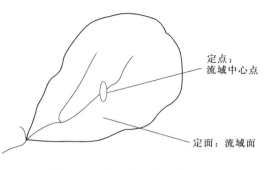

图 4-3 定点定面关系示意图

点面折减系数。将不同历时 T 的点面折减系数关系 α-F 综合到一张图上，即可得到定点定面关系的 α-F-T 关系图，如图 4-4 所示。

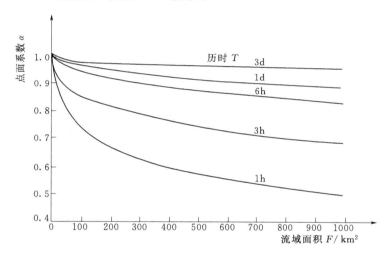

图 4-4 某水文分区流域中心暴雨点面关系图

将前述所求得的各时段设计点暴雨量乘以相应的点面折减系数，可求得不同时段的设计面暴雨量。应予指出，在设计计算时，理论上应采用设计频率的 α 值，但由于面雨量资料不足，设计频率的 α 值计算比较困难，因而近似地用大暴雨的 α 平均值，这样算出的设计面暴雨量与实际要求是有一定出入的。如果邻近地区有较长系列的资料，则可用邻近地区固定点和固定面的同频率点面折减系数，但应注意流域面积、地形条件和暴雨特性等要基本接近，否则不宜采用。

（2）动点动面关系。在缺乏暴雨资料的流域上求设计面暴雨量时，以暴雨中心点面关系代替定点定面关系，即以流域中心设计点暴雨量、地区综合的暴雨中心点面关系求设计面暴雨量。这种关系是按照各次暴雨的中心与暴雨分布等值线图计算求得，因各次暴雨的中心和暴雨分布都不尽相同，所以称为动点动面关系。

动点动面关系具体做法是在一个水文分区内选择若干次大暴雨资料，绘出各场暴雨各种历时的暴雨等雨深线图，计算各等雨深线所包围面积 f 及其面平均雨量 x_f'，当 $f=0$

时，面平均雨量 x'_f 就是暴雨中心点雨量。根据各等雨深线图相应的数据绘制 $x'_f/x'_0 - f$ 的关系曲线，即点面折减系数与面积关系曲线 $\alpha - f$。同一地区内各场暴雨的上述关系各不相同，一般是采用平均线，有时用各场暴雨的外包线，或采用某一场典型特大暴雨的关系线作为该地区综合的"动点动面关系"，以此作为设计暴雨点面雨量折减的依据。动点动面关系图如图 4-5 所示，大多数省（自治区、直辖市）水文手册中刊载的为动点动面关系。

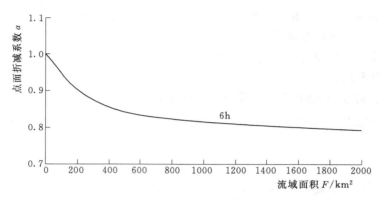

图 4-5 某水文分区流域历时 6h 动点动面关系图

根据动点动面关系来换算设计面雨量，实质上引进了三项假定：①设计暴雨中心与流域中心重合；②流域边界与某条等雨深线重合；③设计暴雨的地区分布符合平均（或外包）线的点面关系。但这三项假定缺乏实际资料的验证。因而该法缺乏理论依据，结果只作参考之用。

由以上分析可知，由设计流域中心点暴雨量推求设计流域面暴雨量时，应采用定点定面关系，鉴于目前我国很多地区尚未绘制这种关系图，因此仍可借用动点动面关系。但在应用时，应分析几个与设计流域面积相近的邻近流域的 α 值做验证，若差异较大时应予与适当修正。

三、设计面暴雨量计算成果的合理性检查

设计面暴雨量计算成果可从以下各方面进行检查，分析比较其是否合理，而后确定设计面暴雨量。

（1）对各种历时的点、面暴雨量统计参数，如均值、C_v 值等进行分析比较，面暴雨量的这些参数应随面积增大而逐渐减小。

（2）将间接计算的面暴雨量与邻近流域有条件直接计算的面暴雨量进行比较。

（3）搜集邻近地区不同面积的面雨量和固定点雨量之间的关系进行比较。

（4）将邻近地区已出现的特大暴雨的历时、面积、雨深资料与设计面暴雨量进行比较。

第四节 设计暴雨时空分配计算

设计面暴雨量计算结束后，还应确定设计暴雨的时程、空间分布，即在时程上的分配和在地区上的分布。其计算方法与设计洪水计算方法相同，即选定典型分配过程，再进行同倍比或同频率分时段控制缩放方法。

一、设计暴雨时程分配的计算

1. 典型暴雨的选择原则

典型暴雨的选择主要以"可能（代表性）"和"不利"为主要原则。典型暴雨的选取原则，首先要考虑所选典型暴雨的分配过程应是设计条件下比较容易发生的；其次，还要考虑是对工程不利的。所谓比较容易发生，首先是从量上来考虑，应使典型暴雨的雨量接近设计暴雨的雨量；其次是要使所选典型的雨峰个数、主雨峰位置和实际降雨时数是大暴雨中常见的情况，即这种雨型在大暴雨中出现的次数较多。所谓对工程不利，主要是指两个方面：一是指雨量比较集中，例如七天暴雨特别集中在三天，三天暴雨特别集中在一天等；二是指主雨峰比较靠后。这样的降雨分配过程所形成的洪水洪峰较大且出现较迟，对水库安全将是不利的。为了简便，有时选择单站雨量过程作典型。例如河南省"75·8"暴雨，历时 5 天，板桥站总雨量 1451.0 mm，其中三天为 1422.4 mm，雨量大而集中，且主峰在后，曾引起两座大中型水库和不少小型水库失事。因此，该地区进行设计暴雨计算时，常选作暴雨典型。

2. 选择典型暴雨的方法

在暴雨特性一致的气候区内，选取暴雨量大，强度也大的暴雨资料作为分析的依据。为了考虑使工程设计安全，一般选取主雨峰集中在降雨后期的暴雨分配形式，作为典型暴雨。选择典型暴雨的方法主要有以下三种：

（1）从设计流域年最大雨量过程中选择。

（2）资料不足时，可选用流域内或附近的点雨量过程。

（3）无资料时，可查水文手册或各省暴雨径流查算图表，选用地区综合概化的典型暴雨过程。

3. 典型暴雨放大方法

典型暴雨过程的缩放方法与设计洪水的典型过程缩放计算基本相同，一般均采用同频率放大法。

最大 1d：

$$K_1 = \frac{x_{1P}}{x_1} \tag{4-2}$$

最大 3d 中其余 2d：

$$K_{3-1} = \frac{x_{3P} - x_{1P}}{x_3 - x_1} \tag{4-3}$$

最大 7d 中其余 4d：

$$K_{7-3} = \frac{x_{7P} - x_{3P}}{x_7 - x_3} \tag{4-4}$$

【例 4-1】 已求得某流域百年一遇 1d、3d、7d 设计暴雨分别为 108mm、182mm、270mm。经对流域内各次大暴雨资料分析比较后，选定暴雨主雨峰出现较迟的 1993 年的一次大暴雨作为典型，其暴雨过程见表 4-2。按同频率放大法推求设计暴雨过程。

表 4-2　　　　　　　　　　　　　1993 年次暴雨过程

时段/d	1	2	3	4	5	6	7	合计
雨量 x/mm	13.8	6.1	20.0	0.2	0.9	63.5	44.1	148.6

解：

（1）计算典型暴雨各历时雨量

$$x_{典.1d}=63.5mm;x_{典.3d}=108.5mm;x_{典.7d}=148.6mm$$

（2）计算各时段放大倍比

最大 1 天的放大倍比

$$K_1=\frac{x_{1d.P}}{x_{典.1d}}=\frac{108}{63.5}=1.70$$

最大 3 天的其余 2 天的放大倍比

$$K_{1-3}=\frac{x_{3d.P}-x_{1d.P}}{x_{典.3d}-x_{典.1d}}=\frac{182-108}{108.5-63.5}=1.64$$

最大 7 天的其余 4 天的放大倍比

$$K_{3-7}=\frac{x_{7d.P}-x_{3d.P}}{x_{典.7d}-x_{典.3d}}=\frac{270-182}{148.6-108.5}=2.19$$

（3）对典型暴雨同频率放大计算设计暴雨过程。计算结果见表 4-3。

表 4-3　　　　　　　　　典型暴雨同频率放大计算设计暴雨过程

时段/d	1	2	3	4	5	6	7	合计
雨量/mm	13.8	6.1	20.0	0.2	0.9	63.5	44.1	148.6
放大倍比 K	2.19	2.19	2.19	2.19	1.64	1.70	1.64	
设计暴雨/mm	30.3	13.5	43.9	0.4	1.5	108.0	72.4	270

二、设计暴雨的地区分布

水库或梯级水库承担下游防洪任务时，需要拟定流域上各分区的洪水过程，因此需要给出设计暴雨在流域上的分布。其计算方法与设计洪水的地区组成计算方法相似。设计暴雨地区分布示意图如图 4-6 所示。

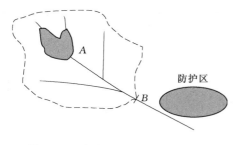

如图 4-6 所示，在推求防洪断面 B 以上流域的设计暴雨时，必须分成两部分，一部分来自防洪水库 A 以上流域的暴雨，另一部分来自 AB 区间上的暴雨。实际工作中，一般先对已有实测大暴雨资料的地区组成进行分析，了解暴雨中心经常出现的位置，并统计 A 库以上和区间暴雨所占

图 4-6　设计暴雨地区分布示意图

的比重等，作为选择设计暴雨地区分布的依据，再从工程规划设计的安全与经济考虑，选定一种可能出现且偏于不利的暴雨面分布形式，进行设计暴雨的模拟放大。通常有以下两种计算方法。

1. 典型暴雨图法

从实际资料中选择降雨量大的暴雨图形（等雨量线图）移植于流域上。为安全考虑，常把暴雨中心位置放在 AB 区间上,而不是放置于流域中心。这样放置使区间水量所占比例最大,对工程措施最为不利。然后量取这次典型暴雨图,A 库以上流域面积和 AB 区间面积上雨量,并求得它们的比例。设计暴雨量的地区分布即按同比例分配,得出两部分暴雨时程分布,分别进行推流,最后再演算到断面 B 得到设计洪水过程线。

2. 同频率控制法

对断面 B 以上和 AB 区间分别作频率计算,按同频率原则加以考虑。采取断面 B 以上全流域发生指定频率的设计暴雨,AB 区间发生同频率的暴雨,A 库以上面积取相应雨量(其频率不定)。在进行放大修正时,若先绘制当地的同频率点面关系,以它作为控制,修正等雨量线的分布梯度,使放大后断面 B 与 AB 区间面积上雨量达到指定频率的设计值,同时可使雨量在面积上保持连续变化从而得出各点的雨量值。

第五节 由设计暴雨推求设计洪水

一、设计净雨过程的推求

求得设计暴雨后,还要扣除降雨损失,才能计算出设计净雨,即产流计算方案的确定。产流计算常用方法主要有径流系数法、暴雨径流相关图法和初损后损法等。设计流域到底应选择什么样的产流计算方法,应根据本流域的特点、资料情况、过去的经验和设计上的要求等进行考虑。例如对于南方湿润多雨地区,多采用前期流域蓄水量为参数的降雨径流相关图法;但也有不少单位应用初损后损法,认为该法能保证设计的精度。本节主要以径流系数法、暴雨径流相关图法和初损后损法为例,介绍由设计暴雨推求设计净雨。

1. 径流系数法

径流系数法是较简单而应用也较广的一种降雨推求径流深的方法,该方法将降雨形成径流过程中的各种损失综合反映在了径流系数中。对于某次暴雨洪水,求的流域平均雨量 $P(\text{mm})$,以及洪水过程线割除地下径流,得到相应的地面径流深 $R(\text{mm})$ 以后,则一次暴雨的径流系数为

$$a = \frac{R}{P} \qquad\qquad (4-5)$$

根据若干次暴雨洪水的 a 值,加以平均得 $\bar{a}$,或为安全起见,选取许多次 a 值中的较大或最大者,作为设计应用值。各地水文手册均载有暴雨径流系数值,可供参考使用。同时应注意,径流系数往往随着暴雨强度增大而增大,因此,根据大暴雨资料求得的径流系数,可根据变化趋势进行修正,应用于设计条件。影响降雨损失的因素很多(如前期土壤含水量等),一定流域的 a 值变化也是很大的。径流系数法没有考虑这些因素的影响,所以是一种粗估的方法,精度较低。

2. 暴雨径流相关图法

暴雨径流相关图法是建立在蓄满产流的基础上。根据流域多次实测降雨量 $P(\text{mm})$(雨期蒸发量可直接从雨量中扣除)、地面径流深 $R(\text{mm})$、雨前土壤含水量 $P_a(\text{mm})$,以 P_a 为中间变量建立 $P-P_a-R$ 关系图,即流域降雨径流相关图,如图 4-7 所示。三变量相关图有时做成如图 4-8 所示的简化形式。

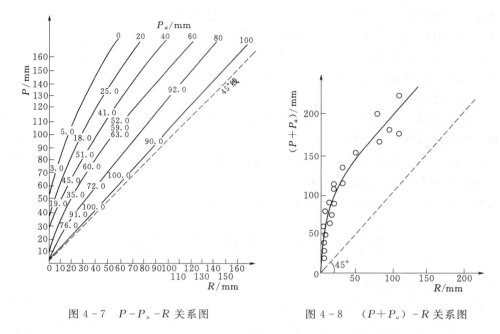

图 4-7　$P-P_a-R$ 关系图　　　　图 4-8　$(P+P_a)-R$ 关系图

对于这种 $R=f$ (P，P_a) 三变量相关图，有两条定量规律应值得注意。

（1）相关图中的 P_a 等值线是根据实测点据用内插法计算出来的，它代表一种平均情况，因此，设计时按已知的 P 和 P_a 从相关图上查出的 R 值应是该 P 和 P_a 值下 R 的平均值。

（2）P 越大，P_a 等值线的坡度越平，这表示在同一 P_a 的情况下，P_a 等值线每增加一个 ΔP 所增加的径流深 ΔR，较 P 小时同样所对应增加的 ΔR 为大，即 P 越大，径流系数越大。

应用三变量暴雨径流相关图法推求设计净雨时，需要首先计算设计的前期土壤含水量 P_{ap}。设计暴雨发生时，流域土壤湿润情况是未知的，可能很干（$P_a=0$），也可能很湿（$P_a=$ 土壤最大含水量 I_m）。所以，设计暴雨可以与任何 P_a 值（$0 \leqslant P_a \leqslant I_{max}$）相遭遇，这是属于两个随机变量的遭遇组合问题。目前，设计 P_{ap} 的计算方法有下述三种：

1）取 $P_{ap}=I_m$。在湿润地区，当设计标准较高，设计暴雨较大时，P_a 的影响作用相对较小，主要原因是由于汛期雨水充沛，土壤经常保持湿润状态。因此，为了安全和简化，常可取 $P_{ap}=I_m$。这种方法在干旱地区不宜采用。

2）扩展暴雨过程法（或称典型年法）。在统计暴雨资料时，加长最大统计时段，可增加到（15～30 天），使其包括前期降雨在内。在计算出设计频率的最大 30 天暴雨量后，用同频率控制典型放大的方法，求设计暴雨的 30 天分配过程，进行 P_a 的计算，即可得 P_{ap} 值。

3）同频率法。选择每年最大的暴雨量 P 与暴雨量加前期土壤含水量 $P+P_a$ 值，同时进行 P 及 $P+P_a$ 的频率计算，由设计频率的 $P+P_a$ 值减去同频率的 P 值可得设计 P_a 即 P_{ap} 值。若 $P_{ap}>I_m$ 时，则以 I_m 为控制，取 $P_{ap}=I_m$。

扩展暴雨过程法和同频率法，比较适合于干旱地区或设计标准较低的湿润地区。

计算出设计 P_{ap} 值后，便可在以 P_a 为参数的暴雨径流相关图上，由设计暴雨量求相应的径流深，即为设计净雨深。同时，应用暴雨径流相关图法不但可以求出一次降雨所产生的径流总量，而且还可以推求出每个时段的净雨量。例如，一次降雨按 Δt 分成若干个时段，时段雨量分别为 P_1、P_2、P_3、$\cdots$，待求的相应净雨量分别为 R_1、R_2、R_3、$\cdots$。计算方法如下：按已经计算出的前期土壤含水量值，在前期土壤含水量等于该值的 P_a 等值线上（必要时需要内插一条 P_a 等值线）由 P_1 查得 R_1，再由 P_1+P_2 查得 R_1+R_2，再由 $P_1+P_2+P_3$ 查得 $R_1+R_2+R_3$，其余以此类推。然后计算各时段的净雨量：$R_1=R_1$，$R_2=(R_1+R_2)-R_1$，$R_3=(R_1+R_2+R_3)-(R_1+R_2)$。

【例 4 - 2】 已知某一流域的一次降雨逐时段雨量，见表 4 - 4，该场次降雨的前期土壤含水量 $P_a=58$mm，试根据该流域 P-P_a-R 相关图，如图 4 - 9 所示，计算逐时段净雨量。

表 4 - 4 某流域逐时段降雨过程

$j(\Delta t=3\text{h})$	P_j/mm	$\Sigma P/\text{mm}$	$\Sigma R/\text{mm}$	R_j/mm
①	②	③	④	⑤
1	50	50	18	18
2	30	80	38	20
3	25	105	63	25
4	25	130	88	25

解：

（1）计算时段累计雨量

将表 4 - 4 第②栏时段降雨量转换为各时段末累计雨量 ΣP，列第③栏。

（2）内插 $P_a=58$mm 等值线

在 P-P_a-R 图上内插出 $P_a=58$mm 的 P-R 线，如图 4 - 9。

（3）计算各时段末累计径流深

由各时段末 ΣP 值查图 4 - 9 中 $P_a=58$mm 的 P-R 线，得各时段末累计径流深 ΣR，见表第④栏。

（4）计算各时段净雨深

将 ΣR 错开时段相减得出各时段降雨所产生的径流深，见表第⑤栏。

3. 初损后损法

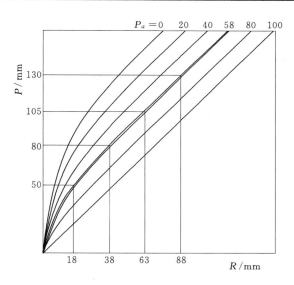

图 4 - 9 某流域 P-P_a-R 相关图

蓄满产流是以满足含气层缺水量为产流的控制条件。但是在一些地区，即土层未达田间持水量之前，因降雨强度超过入渗强度而产流，这种产流方式称为超渗产流。在此情况下，可用初损后损法计算设计净雨。

在一次暴雨过程中，各项损失的强度是随着时间而变化的，总的趋势是降雨初期各项

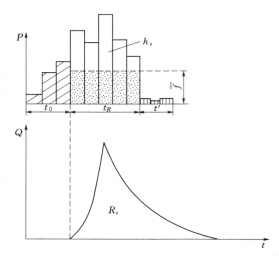

图 4-10 初损后损示意图

损失强度大，以后逐渐减小，而趋于稳定。因此，可将一次暴雨的损失过程分为初期损失（以 I_0 表示，简称初损）和后期损失（产生地面径流以后的损失，简称后损）。后损阶段的损失过程也是由大而小以至稳定的过程，但在实际计算中，常把它概化为平均损失过程，并以平均下渗率 $\overline{f}$ 表示，如图 4-10 所示。

因此，流域内一次降雨所形成的径流深可用下式表示：

$$R = P - I_0 - \overline{f}t_R - P' \tag{4-6}$$

式中：R 表示一次暴雨的净雨量，mm；P 表示一次暴雨的降雨量，mm；I_0 表示初损，mm；$\overline{f}$ 表示后期损失的平均入渗率或称平均后渗率，mm/h；t_R 表示后损阶段的产流历时，h；P' 表示降雨后期不产流的雨量，mm。

（1）初损值 I_0 的确定。各次降雨的初损值 I_0，可根据实测的雨洪资料分析求得。对于小流域，由于产流时间短，出口断面的流量起涨点大体上反映了产流开始时刻。因此，起涨点以前的雨量累计值可作为初损值的近似值，如图 4-11 所示。对较大流域，也可在其中找小面积流量站按上述方法近似确定。

各次降雨的初损值 I_0 的大小与降雨开始时的前期土壤含水量有关，P_a 越大，I_0 越小。因此，可根据各次实测雨洪资料分析得来的 P_a、I_0 值，点绘两者的相关图。若两者的关系不密切，可加降雨强度作为参数，雨强大，易超渗产流，I_0 小；反之则大，如图 4-12 所示。也可以月份为参数，这是考虑到 I_0 受植被和土地利用的季节变化的影响，如图 4-13 是以月份 M 为参数的 $P_a - I_0$ 相关图。

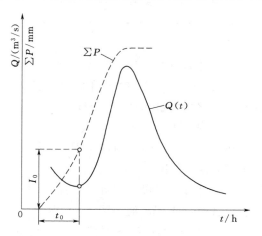

图 4-11 确定初损示意图

（2）平均后渗率 $\overline{f}$。平均后渗率 $\overline{f}$ 在初损量确定后，可用下式进行计算：

$$\overline{f} = \frac{P - R - I_0 - P'}{t - t_0 - t'} \tag{4-7}$$

式中：t 表示一次暴雨的降雨历时，h；t_0 表示初损历时，h；t' 表示降雨后期不产流的降雨历时，h；其他符号意义同前。

对多次实测雨洪资料进行分析，即可确定流域后渗率 $\overline{f}$ 的平均值。

当初损值 I_0 和平均后渗率 $\overline{f}$ 确定后，就可由已知的设计暴雨过程推求设计净雨过程。

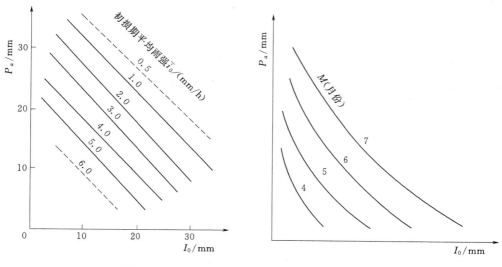

图 4-12 $P_a - \overline{i_0} - I_0$ 相关图　　　　图 4-13 $P_a - M - I_0$ 相关图

【例 4-3】 已知设计暴雨过程见表 4-5，通过水文手册可知该地区初损值 $I_0 = 10.9 \text{mm}$，平均后渗率 $\overline{f} = 1.3 \text{mm/h}$，计算时段 $\Delta t = 1 \text{h}$。试用初损后损法推求设计净雨过程。

表 4-5　　　　　　初损后损法推求设计净雨过程

时段	P/mm	I_0/mm	$\overline{f}/(\text{mm/h})$	R/mm	时段	P/mm	I_0/mm	$\overline{f}/(\text{mm/h})$	R/mm
1	2.5	2.5			6	4.6		1.3	3.3
2	3.8	3.8			7	4.0		1.3	2.7
3	4.6	4.6			8	3.1		1.3	1.8
4	11.2		1.3	9.9	9	0			0
5	7.8		1.3	6.5	Σ	41.6	10.9	6.5	24.2

解:

(1) 根据该地区初损值 $I_0 = 10.9 \text{mm}$，可知在前 3 个时段均为产流，如表第 3 栏。

(2) 根据该地区平均后渗率 $\overline{f} = 1.3 \text{mm/h}$，从第 4 个时段开始进行计算，如表第 4 栏。

(3) 各个时段在降雨过程中减去初损值和后损值后即为净雨过程，即在表中第 5 栏值为第 2 栏值减去第 3 栏值和第 4 栏值。

【例 4-4】 已知百年一遇的设计暴雨 $P_{1\%} = 420 \text{mm}$，其过程见表 4-6，径流系数 $\alpha = 0.88$，平均后渗率 $\overline{f} = 1 \text{mm/h}$，试用初损、后损法确定初损 I_0 及设计净雨过程。

表 4-6　　　　　　设 计 暴 雨 过 程

时段（$\Delta t = 6 \text{h}$）	1	2	3	4	5	6
雨量/mm	6.4	5.6	176	99	82	51

解:

(1) 计算设计净雨总量

$$\sum R = P_{1\%}a = 420 \times 0.88 = 369.6 \text{(mm)}$$

（2）按 $\overline{f} = 1$mm/h 在降雨过程线上自后向前计算累计净雨 $\sum R$，当 $\sum R = 369.6$mm 时，其前面的降雨即为 I_0，依此求得 $I_0 = 27$mm，计算过程见表 4-7。

表 4-7　　　　　　　初损后损法由设计暴雨推求设计净雨过程

时段（$\Delta t = 6$h）	1	2	3	4	5	6
雨量/mm	6.4	5.6	176	99	82	51
初损值/mm	6.4	5.6	15			
后损值/mm			5.4	6	6	6
设计净雨/mm			155.6	93	76	45

需要注意的是设计暴雨，尤其是可能最大暴雨往往比实测的暴雨大得多，因此，应用降雨地面径流相关图法和初损后损法时，将有一个向设计条件外延的问题。此时，应结合产流机制和本地区的实测特大暴雨洪水资料进行分析，将产流方案外延到设计暴雨或可能最大暴雨的情况，然后再求设计地面净雨或可能最大地面净雨。

二、由设计净雨推求设计洪水

产流问题解决后，需要进一步解决流域的汇流问题，也就是如何根据设计净雨过程推求流域出口断面的设计洪水流量过程线，这种推算称为汇流计算。流域出口断面的洪水过程包括地面径流和地下径流两部分。由设计净雨通过流域汇流推求设计洪水过程线，应将净雨划分为地面、地下净雨两部分，然后分别进行流域汇流计算，推求出地面径流过程和设计地下径流过程，两者同时叠加，即可得到总的设计洪水过程线。目前流域汇流计算常用的方法是等流时线法和单位线法，而其中又以单位线法的应用最为广泛。下面阐述单位线法进行汇流计算的原理及推求方法。

1. 单位线的意义及基本假定

单位过程线（简称单位线）是一种特定的地面径流过程线，反映暴雨和地面径流的关系。它是指一个单位时段内，均匀地降落到一特定流域上的单位净雨深所产生的出口断面处地面径流过程线。单位时段常选为 3h、6h、12h、24h 等。单位净雨深一般采用 10mm。

在分析与使用单位线时，为了简化起见，归纳了以下两条基本假定：

（1）同一流域上，如两次净雨的历时相同，但净雨深不同，各为 h_1、h_2，则两者所产生的地面径流过程线形状完全相似，即两者的洪水过程线底宽（洪水历时）与涨洪、退洪历时完全相等，相应时段的流量坐标则与净雨量大小成正比，即 $\dfrac{Q_{a1}}{Q_{b1}} = \dfrac{h_1}{h_2}$，如图 4-14 所示。

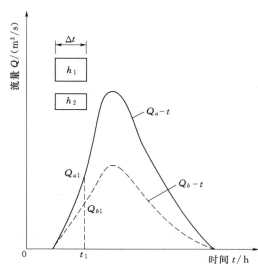

图 4-14　不同净雨深的地面径流过程线

（2）同一流域上，两相邻单位时段的净雨深 h_1、h_2 各自在出口断面形成的地面径流过程线 Q_a-t 和 Q_b-t，彼此互不影响，即它们的形状仍然相似，只是因为净雨深 h_1 比 h_2 错后一个单位时段，所以两条过程线的相应点（如起涨、洪峰、终止等）也恰好错开一个，如图 4-15 所示。

也就是说，连续两时段净雨深（h_1、h_2）所产生的总的地面径流过程线 $Q-t$，是由 h_1 产生的地面径流过程线 Q_a-t 和 h_2 产生的地面径流过程线 Q_b-t（比前者错后一个单位时段）叠加而得。

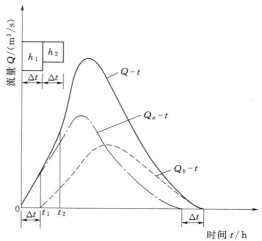

图 4-15 两相邻单位时段净雨深的
地面径流复合示意图

2. 单位线的推求方法和步骤

推求单位线是根据实测的流域降雨和相应的出口断面流量过程，运用单位线的两个基本假定来反求，一般用缩放法、分析法和试算优先法。推求的步骤大体如下：

（1）根据实测的暴雨资料制作单位线时，首先应选择历时较短、孤立而分布较均匀的暴雨和它产生的明显的孤立洪水过程线，作为分析对象。有时很难遇到恰好一个单位时段的降雨及其形成的孤立洪水过程线，则须先从复合的降雨径流过程线中分解出相应于一个单位时段降雨所形成的洪水过程线。

（2）推求各时段净雨量时，应先求出本次暴雨各时段的流域平均雨量，再用前面所讲的扣除损失的方法求出各时段的净雨。净雨时段长要小于流域汇流时间，以接近涨洪历时的 $1/3 \sim 1/4$ 为宜。

（3）在实测流量过程线上，割除地下径流，求得地面径流深。务必使地面径流深等于净雨深，若不等时，应修正地下径流，直至相等为止。

（4）由地面径流过程线与各时段净雨量，应用前述基本假定分析出单位线，并检验其相应的地面径流深等于 10mm。倘若不等，则需适当修正单位线。

（5）根据数次暴雨径流资料，分析得出几条单位线，再求出一条平均的单位线作为设计依据。

三、设计暴雨推求设计洪水算例

某流域集水面积 $F = 3360 \text{km}^2$，为解决下游灌溉、防洪问题，拟在流域出口处建一大型水库，为此需要推求该处百年一遇设计洪水。

根据该流域实测资料情况，不可能由流量资料直接推求设计洪水。现实可行的途径是采用由暴雨资料推求设计洪水。计算时段 $\Delta t = 12 \text{h}$。

1. 设计暴雨的推求

该流域降水资料充分，直接按面雨量系列计算 1 日和 3 日设计面雨量，然后按 1993 年暴雨典型同频率控制放大，得 3 日设计暴雨过程列于表 4-8 第（2）栏。

2. 设计净雨的推求

(1) 由 5 年同期观测的降雨径流资料分析，得出该流域降雨地面径流相关图 $(X+P_a)-R_s$，如图 4-16 所示。分析得流域土壤最大含水量 $I_m=100$mm，流域蓄水量折减系数 $K=0.95$。

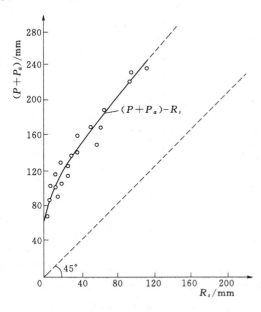

图 4-16　某流域降雨地面径流相关图

(2) 设计前期土壤含水量 P_a 按 I_m 用经验法确定。根据当地经验，取 $r=0.8$，故百年一遇设计暴雨得 $P_{a,1\%}=100\times0.8=80$（mm）。

(3) 根据 $(X+P_a)-R_s$ 相关图（图 4-16）和设计暴雨得 $P_{a,1\%}$，计算设计净雨，见表 4-8 的（5）栏。

3. 推求设计洪水过程线

(1) 选定地面汇流计算方案：根据 5 年同期降雨径流资料，分析得到 9 次大暴雨的时段单位线。最后按照设计净雨的大小及暴雨中心位置，从中选定用以推求设计洪水的 12h10mm 单位线，列于表 4-8 第（3）栏。

(2) 计算地面径流过程：根据选定的单位线，按单位线倍比假定，求得各时段地面净雨产生的地面径流过程，列于表 4-8 第（4）~（8）栏。把同时刻的流量相加，得总的地面径流过程，如第（9）栏。

表 4-8　　　　　　　　　　　　某流域百年一遇设计洪水计算表

时段	净雨/mm	单位线/(m³/s)	各时段净雨的地面径流过程/(m³/s)					地面/(m³/s)	地下/(m³/s)	设计洪水/(m³/s)
			4mm	9mm	37mm	60mm	30mm			
(1)	(2)	(3)	(4)	(5)	(6)	(7)	(8)	(9)	(10)	(11)
0	4.0	0	0					0	80	80
1	9.0	50	20	0				20	80	100
2	37.0	200	80	45	0			125	80	205
3	0	154	62	180	185			427	80	507
4	60.0	121	48	139	740	0		927	80	1007
5	30.0	90	36	109	570	300	0	1015	80	1095
6		61	24	81	448	1200	150	1903	80	1983
7		40	16	55	333	924	600	1928	80	2008
8		25	10	36	226	726	462	1460	80	1540
9		16	6	23	148	540	363	1080	80	1160
10		9	4	14	93	366	270	747	80	827
11		6	2	8	59	240	183	492	80	572

续表

时段	净雨 /mm	单位线 /(m³/s)	各时段净雨的地面径流过程/(m³/s)					地面 /(m³/s)	地下 /(m³/s)	设计洪水 /(m³/s)
			4mm	9mm	37mm	60mm	30mm			
12		4	2	5	33	150	120	310	80	390
13		2	1	3	22	96	75	197	80	277
14		0	0	2	15	54	48	119	80	199
				0	7	36	27	70	80	150
					0	24	18	42	80	122
						12	12	24	80	104
						0	6	6	80	86
							0	0	80	80
合计	140.0	788						10892		

（3）计算地下径流过程：根据过去实测洪水分析，基流所占比重不大，基流平均流量为 $80\text{m}^3/\text{s}$，以此作为设计洪水的地下径流过程，如第（10）栏。

（4）计算设计洪水过程线：将总的地面径流过程和地下径流过程相加，得设计洪水过程线，列于第（11）栏，绘成设计洪水过程线如图 4-17 所示。

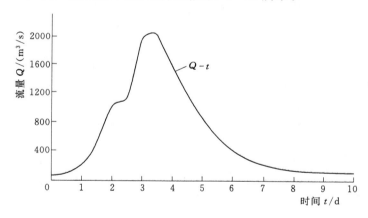

图 4-17 某站百年一遇设计洪水过程线

第五章　小流域设计洪水计算

由流量和暴雨资料推求设计洪水的基本原理和方法，并不受流域面积大小和地域的限制，原则上也适用于小流域，但小流域上一般缺乏充分的实测雨洪资料。为了在小流域上修建中小型水利工程、公路和铁路的桥涵建筑、工矿地区的防洪工程及对洪水工程防洪评价，均应进行设计洪水的计算。因此，小流域设计洪水计算在工农业生产中具有重要的意义。

第一节　概　　述

一、小流域设计洪水的计算特点

小流域通常指集水面积不超过数百平方公里的小河小溪，但又无明确限制。小流域设计洪水计算，广泛应用于中、小型水利工程中，如修建农田水利工程的小水库、撇洪沟，渠系上交叉建筑物如涵洞、泄洪闸等，铁路、公路上的小桥涵设计，城市和工矿地区的防洪工程，都必须进行设计洪水计算。因此，水文学上常常将此作为一个专门的问题进行分析计算。与大、中流域相比，小流域设计洪水具有以下 4 方面的特点：

（1）绝大多数小流域都没有水文站，即缺乏实测径流资料，甚至降雨资料也没有。

（2）小流域面积小，水文气象和自然地理条件趋于单一，拟定计算方法时，允许作适当的简化，即允许作出一些概化的假定。例如假定短历时的设计暴雨时空分布均匀。

（3）小流域分布广、数量多。因此，所拟定的计算方法，在保持一定精度的前提下，力求简便，一般借助水文手册即可完成。

（4）小型工程一般对洪水的调节能力较小，工程规模主要受洪峰流量控制，因此对设计洪峰流量的要求，高于对洪水过程线的要求。

二、计算方法

小流域设计洪水分析计算工作已有 100 多年的历史，计算方法在逐步充实和发展，由简单到复杂，由计算洪峰流量到计算洪水过程。归纳起来，有经验公式法、推理公式法、综合单位线法以及水文模型等方法。其中应用最广泛的是推理公式法和综合单位线法。它们的思路都是以暴雨形成洪水过程的理论为基础，并按设计暴雨、设计净雨到设计洪水的顺序进行计算。本书主要介绍推理公式法。

第二节　小流域设计暴雨的计算

小流域设计洪水计算，大多数采用由暴雨推求洪水的方法。因此，首先需要推求设计暴雨。设计暴雨是具有某一规定频率的一定时段的暴雨量或平均暴雨强度。用暴雨资料推求设计洪水时，一般是假定暴雨与所形成的洪峰流量或洪量具有相同的频率，即雨洪同频。

一、暴雨公式及其参数

在小流域上推求设计暴雨时，存在以下三个假定：

（1）因流域面积较小，忽略暴雨在地区上分布的不均匀性。

（2）把流域中心的点雨量作为流域面雨量，不考虑点面雨量的折算。

（3）暴雨历时一般小于 1 日。

根据地区的雨量观测资料，独立选取不同历时最大暴雨量进行统计，绘出不同历时的最大暴雨量频率曲线，并转换为不同频率的平均暴雨强度与历时曲线，从而按此选配设计暴雨公式。

在一定频率情况下平均暴雨强度与历时的关系式称为暴雨公式。通常用暴雨公式，即暴雨的强度与历时关系将年最大 24h（或 6h 等）设计暴雨转化为所需历时的设计暴雨，目前水利部门多用如下公式计算：

$$a_{t,p}=\frac{S_p}{t^n} \tag{5-1}$$

式中：$a_{t,p}$ 指历时为 t，频率为 P 的平均暴雨强度，mm/h；S_p 为 $t=1$h 的平均雨强，俗称雨力，mm/h；n（$0<n<1$）为暴雨参数或称暴雨递减指数，与历时长短有关，并随着地区而变化。

上式若转化为雨量，则为

$$x_{t,p}=a_{t,p}t=\frac{S_p}{t^n}t=S_p t^{1-n} \tag{5-2}$$

式中：$x_{t,p}$ 指频率为 P，历时为 t 的设计暴雨量，mm。

1. 暴雨递减指数

暴雨递减指数可通过图解法来分析。对式（5-1）两边取对数，在对数格纸上，$\lg a_{t,p}$ 与 $\lg t$ 为直线关系，即 $\lg a_{t,p}=\lg S_p-n\lg t$，参数 n（$0<n<1$）为此直线的斜率，$t=1$h 的纵坐标读数就是 S_p，如图 5-1 所示。由图可见，在 $t=1$h 处出现明显的转折点。当 $t\leqslant 1$h

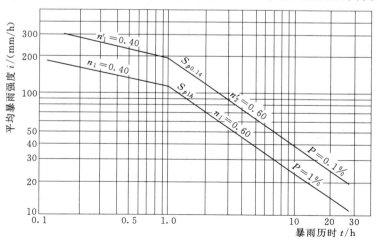

图 5-1 暴雨强度-历时-频率曲线

时，取 $n=n_1$；$t>1h$ 时，取 $n=n_2$。

图 5-1 中的点据是根据分区内有暴雨系列的雨量站资料经分析计算而得到的。首先计算不同历时暴雨系列的频率曲线，读取不同历时各种频率的 $x_{t,p}$，将其除以历时 t，得到 $a_{t,p}$，然后以 $a_{t,p}$ 为纵坐标，t 为横坐标，即可点绘出以频率 P 为参数的 $\lg a_{t,p}-P-\lg t$ 关系线。

暴雨递减指数 n 对各历时的雨量转换成果影响较大，如有实测暴雨资料分析得出能代表本流域暴雨特性的 n 值最好。小流域多无实测雨量资料，需要利用 n 值反映地区暴雨特征，将本地区由实测资料分析得出的 $n(n_1、n_2)$ 值进行地区综合，绘制 n 值分区图，供无资料流域使用。一般水文手册中均有 n 值分区图。

2. 雨力

雨力 S_p 值可根据各地区的水文手册，查出设计流域的 $\overline{x_{24,p}}$、C_v，计算出 $x_{24,p}$，然后由式（5-2）计算得出。如地区水文手册中已有 S_p 等值线图，则可直接查用。

S_p 及 n 值确定之后，即可用暴雨公式进行不同历时暴雨间的转换。24h 雨量 $x_{24,p}$ 转换为 th 的雨量 $x_{t,p}$，可以先求 1h 雨量即 S_p，再由 S_p 转换为 th 雨量。

$$x_{24,p}=a_{24,p}\times 24=S_p\times 24^{(1-n_2)} \tag{5-3}$$

$$S_p=x_{24,p}\times 24^{(n_2-1)} \tag{5-4}$$

由求得的 S_p 转求 th 雨量 $x_{t,p}$ 为

当 $1h\leqslant t\leqslant 24h$ 时

$$x_{t,p}=S_p t^{(1-n_2)}=x_{24,p}\times 24^{(n_2-1)}t^{(1-n_2)} \tag{5-5}$$

当 $t<1h$ 时

$$x_{t,p}=S_p t^{(1-n_1)}=x_{24,p}\times 24^{(n_2-1)}t^{(1-n_1)} \tag{5-6}$$

上述以 1h 处分为两段直线是概括大部分地区 $x_{t,p}$ 与 t 之间的经验关系，未必与各地的暴雨资料拟合很好。如有些地区采用多段折线，也可以分段给出各自不同的转换公式，不必限于上述形式。

目前，气象和水利部门刊印的降雨资料，都是固定日分界（8h 或 20h）的日雨量。以每日固定时间点观测所得的日雨量，较之以自记雨量资料统计所得的 24h 最大雨量往往要偏小一些。因此，年最大日雨量必须换算成年最大 24h 雨量，才能符合小流域计算要求。换算的方法是将各年最大日雨量 x_{1d} 乘以系数 η 即为年最大 24h 雨量 x_{24} 系列，然后进行频率计算，可得设计年最大 24h 雨量，计算公式如下所示：

$$x_{24}=\eta x_{1d} \tag{5-7}$$

式中：η 为换算系数，一般在 1.1～1.2 之间，常取 $\eta=1.15$。

二、设计暴雨量的时程分配

用暴雨推求洪水时，须通过设计暴雨时程分配的推算才能求得设计洪水过程线。暴雨的时程分配是变化的，总量相等的各次暴雨，可以有不同的时程分配过程。因此，应根据工程设计的要求，选择能反映本地区暴雨特点的实测暴雨资料，采用综合概化方法，制定各地区一定时段的设计暴雨时程分配。

小流域设计暴雨的最长时段一般不超过 24h。最大 3h 或 6h 雨量对小流域洪峰流量的影响比较大，暴雨时程分配一般可以采用最大 3h、6h 以及 24h 雨量作为控制。各地区的

《水文图集》或《水文手册》均载有设计暴雨时程分配的雨型，可供设计参考。

三、设计净雨计算

由暴雨推求洪水，一般分为产流和汇流两个阶段。产流计算是解决由降雨过程求净雨过程的问题，汇流计算是解决由净雨过程求流量过程的问题。

设计净雨的概念和计算方法在第四章已经讲述，为了与小流域设计洪水计算方法相适应，在此主要着重介绍损失参数 μ 值的地区综合规律计算设计净雨的方法。

损失参数 μ 是指产流历时 t_c 内的平均损失强度。如图 5-2 所示的损失参数 μ 与降雨过程的示意图。从图 5-2 中可以看出，在降雨强度 $i \leqslant \mu$ 的时期，降雨全耗于损失，不产生净雨；$i > \mu$ 时，损失按 μ 进行，超渗部分（图中的阴影部分）即为净雨。由此可见，当设计暴雨和 μ 确定后，便可求出任一历时的净雨量及平均净雨强度。

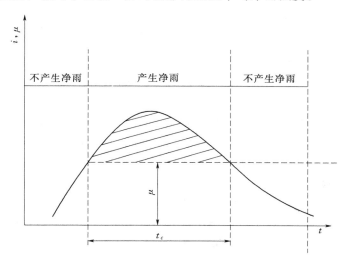

图 5-2　降雨过程与入渗过程示意图

为了便于小流域设计洪水计算，各省区水利水文部门在分析大量暴雨洪水资料之后，均提出了确定 μ 值的简便方法。有的部门建立单站 μ 与前期影响雨量 P_a 的关系，有的选用平均降雨强度 $\overline{i}$ 与一次降雨平均损失率 $\overline{f}$ 建立关系，以及 μ 与 $\overline{f}$ 建立关系，从而用这些 μ 值作地区综合，可以得出各地区在设计时应取的 μ。具体数值可参阅各地区的《水文手册》。

第三节　由推理公式推求设计洪水

一、推理公式的基本形式

推理公式，英、美称为"合理化方法"（Rational method），苏联称为"稳定形势公式"。推理公式法是根据降雨资料推求洪峰流量的最早方法之一，至今已有 130 多年。

1. 推理公式的基本假定

（1）采用平均净雨强度，历时 t 与汇流历时 τ 有 $t = \tau$。

（2）暴雨与洪水同频率。

（3）降雨强度 a 不随时间与空间发生变化。

2. 推理公式的基本公式

推理公式的基本理论依据为线性汇流。在上述假定条件下，流域上的平均产流强度与一定面积的乘积即为出口断面的流量，当此值达到最大值时即为洪峰流量。

（1）在充分供水条件下，即净雨历时 t 大于等于汇流时间 τ 时，净雨产生以后，每一时刻总有一部分流域面积上的净雨同时汇集到流域出口断面。此时流域出口断面的最大流量是由 τ 时段的净雨在全流域面积上形成的，此种情况称为全面汇流，即当 $t \geqslant \tau$ 时，全面汇流。

$$Q_m = K(a - \mu)F$$

（2）当供水不充分时，即净雨历时 t 小于汇流时间 τ，流域出口断面的最大流量由全部降雨、部分流域面积形成，此部分流域面积称为共时径流面积，此种情况称为部分汇流，即当 $t < \tau$ 时，部分汇流。

$$Q_m = K(a - \mu)F_0$$

综合上式，可得推理公式的基本形式

$$Q_m = K(a - \mu)\varphi F$$

或
$$Q_m = K\psi a \varphi F \tag{5-8}$$

式中：ψ 为洪峰径流系数，等于形成洪峰的净雨量与降雨量之比值；K 为单位换算系数，$\mathrm{m^3/s = km^2 \cdot mm/h} = 10^6 \times 10^{-3}/3600 = 1/3.6 = 0.278$；$\varphi$ 为共时径流面积系数，$\varphi = F_0/F$；F_0 为共时径流面积；a 为雨力；μ 为损失强度。

二、北京水利科学研究院推理公式

1958 年，陈家琦等人提出了北京水利科学研究院推理公式，该公式在我国设计洪水计算中得到了广泛应用。在铁道、交通和城市排水等部门，一般都依据各自的计算方法，在公式形式、参数数值和算法上，都或多或少有不同之处。北京水利科学研究院推理公式如下式所示：

$$Q_m = 0.278\psi a F$$

暴雨公式

$$a = \frac{S_p}{t^n}$$

当历时 $t = \tau$（汇流时间）时，则

$$Q_m = 0.278\frac{\psi S_p}{\tau^n}F \tag{5-9}$$

式（5-9）中，雨力 S_p 可由暴雨公式求得，暴雨递减指数 n 可查地区等值线图，流域面积 F 可从地形图上量出，则剩余未知参数为洪峰径流系数 ψ 和汇流时间 τ，这两个参数的确定在下面分别进行介绍。

1. 洪峰径流系数 ψ 的计算

洪峰径流系数 ψ 是反映流域内降雨形成洪峰过程的一种损失参数。假定在流域平均降雨强度大于地面平均入渗能力的情况下，地面才能产生径流。此时，产流部分的降雨损失决定于地面下渗能力的大小，而不产流部分的降雨损失则是该部分的所有降雨量。由于形成洪峰过程的汇流条件不同，可能出现两种汇流情况。一是全面汇流，如图 5-3 所示。

图 5-3 中纵坐标表示瞬时降雨强度 i，虚线以下表示降雨下渗量，虚线所对应纵坐标值表示产流历时内的平均损失强度 μ，t_c 表示产流历时，τ 为流域汇流时间。当 $t_c \geqslant \tau$ 时，如图 5-3（a）所示，出口断面处的洪峰流量是由相当于汇流时间 τ 内的最大净雨量 h_τ 在全流域面积上形成的，洪峰径流系数 ψ 是 τ 时段内的最大净雨量 h_τ 与同时段的降雨量 P_τ 之比值。二是部分汇流，如图 5-3（b）所示。当 $t_c < \tau$ 时，出口断面处的洪峰流量是由相当于产流历时 t_c 内的最大净雨量 h_R 在部分流域面积上形成的，洪峰径流系数 ψ 是 t_c 时段内的最大净雨量 h_R 与 τ 时段内的降雨量 P_τ 之比值。

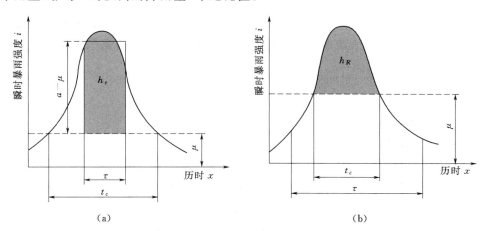

图 5-3 形成洪峰过程的两种汇流情况示意图

（a）$t_c \geqslant \tau$；（b）$t_c < \tau$

因此，两种汇流情况的洪峰径流系数可用下式表示：

当 $t_c \geqslant \tau$ 时
$$\psi = \frac{h_\tau}{P_\tau}$$

当 $t_c < \tau$ 时
$$\psi = \frac{h_R}{P_\tau}$$

根据暴雨公式
$$I = \frac{\mathrm{d}P_t}{\mathrm{d}t} = \frac{\mathrm{d}}{\mathrm{d}t} St^{1-n} = (1-n)\frac{S}{t^n}$$

当 $I = \mu$ 时，$t = t_c$，代入上式求得产流历时 t_c 的计算公式为
$$t_c = \left[(1-n)\frac{S}{\mu} \right]^{\frac{1}{n}}$$

同时也可得到产流历时内的平均损失强度 μ 的计算公式：
$$\mu = (1-n)\frac{S}{t_c^n}$$

所以

当 $t_c \geqslant \tau$ 时
$$\psi = \frac{h_\tau}{P_\tau} = \frac{P_\tau - \mu\tau}{P_\tau} = 1 - \frac{\mu}{S}\tau^n \tag{5-10}$$

当 $t_c < \tau$ 时
$$\psi = \frac{h_R}{P_\tau}$$

由于
$$h_R = P_{t_c} - \mu t_c = i_{t_c} t_c - \mu t_c = (i_{t_c} - \mu) t_c$$

又因为

$$\mu = (1-n)\frac{S}{t_c^n}$$

所以

$$h_R = \left[i_{t_c} - (1-n)\frac{S}{t_c^n} \right] t_c = \left[i_{t_c} - (1-n) i_{t_c} \right] t_c = n i_{t_c} t_c = n S t_c^{1-n}$$

$$\psi = \frac{h_R}{P_\tau} = \frac{n S t_c^{1-n}}{S \tau^{1-n}} = n \left(\frac{t_c}{\tau} \right)^{1-n} \tag{5-11}$$

2. 流域汇流时间 τ 的计算

流域汇流过程按其水力特性的不同，可分为坡面汇流和河槽汇流两个阶段。北京水利科学研究院在研究流域汇流时间 τ 时，采用平均的流域汇流速度来概括地描述径流在坡面和河槽内的运动。设 L 代表流域最远流程长度，v_τ 代表流程 L 的流域平均汇流速度，则流域汇流时间 τ 的计算式为

$$\tau = 0.278 \frac{L}{v_\tau}$$

其中，τ 以 h 计，v_τ 以 m/s 计，L 以 km 计。

流域平均汇流速度 v_τ 用经验公式计算，计算式如下：

$$v_\tau = m J^\sigma Q_m^\lambda$$

式中：m 表示汇流参数；J 表示沿流程的平均纵比降；Q_m 为待求的洪峰流量；σ、λ 分别表示反映流程水力特性的经验指数。

对于一般山区河道，出口断面形状可近似地概化为三角形，则上式反映流程水力特性的经验指数采用 $\sigma = 1/3$，$\lambda = 1/4$，代入上式可得

$$\tau = 0.278 \frac{L}{m J^{1/3} Q_m^{1/4}} \tag{5-12}$$

汇流参数 m 是汇流速度公式中的经验性参数。它与流域地形、地貌、植被、河网分布、河道糙率、断面形状以及暴雨的时空分布有关。由于流域的汇流速度不能通过固定断面的流速测出，因此，只能用实测暴雨洪水资料应用式（5-12）进行反推。

为了在设计条件下外延或在无资料地区移用，要对 m 值进行地区综合。20 世纪 80 年代初期各省区水文部门在编制《暴雨径流查算图表》时，选用了能反映流域大小和地形条件的流域特征参数 θ 与 m 建立相关关系，对 m 值进行地区综合。流域特征参数 θ 一般应用下式进行计算。

$$\theta = \frac{L}{J^{1/3} F^{1/4}} \tag{5-13}$$

在建立 $\theta - m$ 关系时，分下面几种情况。

（1）按下垫面条件确定，如

贵州省：

山丘、强岩溶、植被差　　　　　$m = 0.056 \theta^{0.73}$

山丘、少量岩溶、植被较好　　　$m = 0.064 \theta^{0.73}$

湖南省：

植被好，以森林为主的山区

$$m = 0.145 \theta^{0.489} \quad (\theta < 25)$$

$$m = 0.0228\theta^{1.067} \quad (25 \leqslant \theta \leqslant 100)$$

植被较差的丘陵山区

$$m = 0.183\theta^{0.489} \quad (\theta \leqslant 22)$$

（2）按区域条件确定，如

四川省：

盆地丘陵区

$$m = 0.4\theta^{0.204} \quad (1 < \theta \leqslant 30)$$

$$m = 0.092\theta^{0.636} \quad (30 < \theta \leqslant 300)$$

福建省：

沿海 $\qquad m = 0.053\theta^{0.785} \quad (\theta \geqslant 2.5)$

内地 $\qquad m = 0.035\theta^{0.785} \quad (\theta \geqslant 2.5)$

（3）考虑设计洪水大小确定，如

湖北省：

PMP 及 $H_{24} > 700\text{mm}$ $\qquad m = 0.42\theta^{0.24}$

50 年一遇以上的洪水 $\qquad m = 0.5\theta^{0.21}$

由山东省水利学校、浙江省水利水电勘测设计院、中国水利水电科学研究院水资源所协作，收集全国 105 个小流域暴雨洪水资料，分析推理公式中的汇流参数 m 值，并把下垫面情况分为 4 类进行 $\theta - m$ 地区综合，提出 4 类下垫面条件下不同 θ 值相应的 m 值表，如表 5 - 1 所列，可供参考。

表 5 - 1 小流域下垫面条件分类 m 值表

类别	雨洪特性、河道特性、土壤植被的简单描述	推理公式洪水汇流参数 m 值		
		$\theta = 1 \sim 10$	$\theta = 10 \sim 30$	$\theta = 30 \sim 90$
I	北方半干旱地区，植被条件较差，以荒坡、梯田或少量的稀疏林为主的土石山区，旱作物较多。河道呈宽浅型，间隙性水流，洪水陡涨陡落	1.0～1.3	1.3～1.6	1.6～1.8
II	南方、北方地理景观过渡区，植被条件一般，以稀疏林、针叶林、幼林为主的土石山区或流域内耕地较多	0.6～0.7	0.7～0.8	0.8～0.95
III	南方、东北湿润山丘区，植被条件较好，以灌木林为主的石山区，或森林覆盖度达 40%～50%，或流域内多为水稻田，或以优良的草皮为主。河床多砾石、卵石，两岸滩地杂草丛生，大洪水多为尖瘦型，中小洪水多为矮胖型	0.3～0.4	0.4～0.5	0.5～0.6
IV	雨量充沛的湿润山区，植被条件优良，森林覆盖度可高达 70% 以上，多为深山原始森林区，枯枝落叶层厚，壤中流较丰富。河床呈山区型，大卵石、大砾石河槽，有跌水，洪水多为陡涨陡落型	0.2～0.3	0.3～0.35	0.35～0.4

三、设计洪峰流量的计算

利用北京水利科学研究院推理公式计算设计洪峰流量，有试算法和图解法等方法。本书主要介绍一下试算法的计算步骤。

（1）由暴雨资料确定 $\overline{P}_{24}$、C_v、n_1 或 n_2，并计算 S_p。

（2）由流域特性参数 J、L、F，计算确定汇流参数 m。

（3）确定损失参数 μ。

（4）试算法求 Q_m，即先假定一个 Q_m 值求产流历时 t_c 和流域汇流时间 τ，若 $t_c \geqslant \tau$ 时，计算洪峰径流系数 $\psi = 1 - \dfrac{\mu}{S}\tau^n$；若 $t_c < \tau$，$\psi = n\left(\dfrac{t_c}{\tau}\right)^{1-n}$，然后再计算 Q_m，直至两者一致为止。

应用试算法推求设计洪峰流量程序如图 5-4 所示。

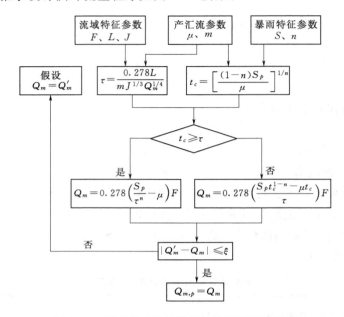

图 5-4 推理公式法计算设计洪峰流量流程图

【例 5-1】 某地区欲修建一小型水库，该水库集水面积为 $7.7\mathrm{km}^2$，干流长度为 $4.1\mathrm{km}$，干流纵比降为 0.036。用试算法计算坝址处百年一遇的洪峰流量。

解：

（1）计算设计暴雨强度 S_p

根据该地区水文手册相关图表，得到水库集水面积中心点的 $\overline{P}_{24} = 100\mathrm{mm}$，$C_v = 0.6$，$C_s = 3.5C_v$，$n_2 = 0.7$，$K_P = 3.20$，则

$$P_{24,P} = P_{24,1\%} = K_P \overline{P}_{24} = 3.20 \times 100 = 320 \text{（mm）}$$

根据暴雨公式：

$$S_p = S_{1\%} = \frac{P_{24,1\%}}{t^{1-n_2}} = \frac{320}{24^{1-0.7}} = 123.3 \text{（mm/h）}$$

（2）汇流参数 m 的计算

根据流域特征参数，计算流域特征参数

$$\theta = \frac{L}{J^{1/3}F^{1/4}} = \frac{4.1}{0.036^{1/3} \times 7.4^{1/4}} = 7.5285$$

通过水文计算手册，已知该地区的 $m-\theta$ 关系，根据流域特征参数，计算汇流参数

$m=0.5\theta^{0.21}=0.5\times7.5285^{0.21}=0.76$。

（3）产流历时 t_c 的计算

查表得到损失参数 $\mu=4.17\text{mm/h}$，则

$$t_c=\left[(1-n)\frac{S}{\mu}\right]^{\frac{1}{n}}=\left[(1-0.7)\frac{123.3}{4.17}\right]^{\frac{1}{0.7}}=22.6\ (\text{h})$$

（4）试算 Q_m

假定 $Q_m=150\text{m}^3/\text{s}$，则

流域汇流时间

$$\tau=0.278\frac{L}{mJ^{1/3}Q_m^{1/4}}=0.278\times\frac{4.1}{0.76\times0.036^{1/3}\times150^{1/4}}=1.298(\text{h})$$

由于 $t_c\geqslant\tau$，则洪峰径流系数

$$\psi=1-\frac{\mu}{S}\tau^n=1-\frac{4.17}{123.3}\times1.298^{0.7}=0.96$$

$$Q_m=0.278\frac{\psi S_p}{\tau^n}F=0.278\times\frac{0.96\times123.3}{1.298^{0.7}}\times7.4=202(\text{m}^3/\text{s})$$

假设 $Q_m=200\text{m}^3/\text{s}$，则 $\tau=1.209\text{h}$，$\psi=0.96$，计算得到 $Q_m=213\text{m}^3/\text{s}$。重新假设，计算得到 $Q_m=215\text{m}^3/\text{s}$，与假设相符即得所求的设计洪峰流量。

第四节　小流域设计洪水的地区经验公式法

计算洪峰流量的地区经验公式是指根据一个地区各河流的实测洪水和调查洪水资料，找出洪峰流量与流域特征、降雨特性之间的相互关系建立起来的关系方程式。这些方程都是根据某一地区实测经验数据制定的，只适用于该地区，所以称为地区经验公式。

影响洪峰流量的因素是多方面的，包括地质地貌特征（植被、土壤、水文地质等）、几何形态特征（集水面积、河长、比降、河槽断面形态等）以及降雨特性，地质地貌特征往往难于定量，在建立经验公式时，一般采用分区的办法加以处理。因此，经验公式的地区性很强。

经验公式最早见于19世纪中期，由洪峰流量与流域面积建立关系。当时由于水文资料十分缺乏，没有频率概念。以后，随着工程建设的开展，各国在建立的地区经验公式方面做了许多工作，使经验公式逐渐具备了新的形式和内容。我国水利、交通、铁道等部门，为了修建水库、桥梁和涵洞，对小流域设计洪峰流量的经验公式进行了大量的分析研究，在理论和计算方法上都有所创新，在实用上已发挥了一定的作用。但是，此类公式受实测资料限制，缺乏大洪水资料的验证，不易解决外延问题。

一、单因素公式

目前，各地区使用的最简单的经验公式是以流域面积作为影响洪峰流量的主要因素，把其他因素用一个综合系数表示，其形式为

$$Q_{m,p}=C_PF^n \tag{5-14}$$

式中：$Q_{m,p}$ 为设计洪峰流量，m^3/s；F 为流域面积，km^2；n 为经验指数；C_P 为随地区和频率而变化的综合系数。

在各省（区）的水文手册中，有的给出分区的 n、C_P 值，有的给出 C_P 等值线图。

对于给定设计流域，可根据水文手册查出 C_P 及 n 值，并量出流域面积 F，从而算出 $Q_{m,p}$。

式（5－14）过于简单，较难反映小流域的各种特性，只有在实测资料较多的地区，分区范围不太大，分区暴雨特性和流域特征比较一致时，才能得出符合实际情况的成果。

二、多因素公式

为了反映小流域上形成洪峰的各种特性，目前各地较多地采用多因素经验公式。公式的形式有

$$Q_{m,p}=Ch_{24P}\,F^n \tag{5－15}$$

$$Q_{m,p}=Ch_{24P}^a f^\gamma F^n \tag{5－16}$$

$$Q_{m,p}=Ch_{24P}^a J^\beta f^\gamma F^n \tag{5－17}$$

式中：f 为流域形状系数，$f=F/L^2$；J 为河道干流平均坡度；h_{24P} 为设计年最大 24h 净雨量，mm；α、β、γ、n 为指数；C 为综合系数。

以上指数、综合系数是通过使用地区实测资料分析得出的。

选用因素的个数以多少为宜，可从两方面考虑：一是能使计算成果提高精度，使公式的使用更符合实际，但所选用的因素必须能通过查勘、测量、等值线图内插等手段加以定量。二是与形成洪峰过程无关的因素不宜随意选用，因素与因素之间关系十分密切的不必都选用，否则无益于提高计算精度，反而增加计算难度。

第六章 可能最大暴雨与可能最大洪水

我国雨洪大，土坝多，人口众，发生溃坝后果特别严重，所以我国 SL 252—2017《水利水电工程等级划分及洪水标准》中规定：对于一级大型土石坝，应以可能最大洪水（PMF）或重现期 10000 年标准作为校核洪水。可能最大暴雨与可能最大洪水估算，就是针对这种需要高度安全的工程而提出的洪水计算方法。

第一节 可能最大暴雨的基本知识

一、可能最大暴雨和可能最大洪水

可能最大降水含有降水上限的意义。水汽是降水的原料，还须有天气系统使水汽上升冷却凝结致雨。根据气象学原理，一个地区空气中的水汽含量及上升运动的强度是有限的，同时维持水汽输送的天气系统的发展也是有限的，因而一定历时的降水量也应有其上限。求得可能最大降水及其时空分布，然后合理地考虑流域的下垫面情况，进行产汇流分析计算，即可求出可能最大洪水作为设计洪水，则可保证水利工程的安全。但是，由于现代条件下能够掌握的气象和水文资料有限，计算方法也不完善，所以估算的可能最大降水并不是真正的上限，仅仅是个近似值。这里可能最大洪水是指合理地考虑水文与气象条件的最严重遭遇而发生的洪水。"合理"强调其恰当与可能，而不是一味求其量大。不同的地质时期有不同的气候和地貌情况，可能最大暴雨与可能最大洪水均针对现代气候条件而言。

最初提出的可能最大降水定义是指流域降水的物理上限，但其含义也在逐渐完善。现行的可能最大降水是指"现代气候条件下，一定历时的理论最大降水量。这种降水量对于特定地理位置给定暴雨面积上，一年中的某一时期内物理上是可能发生的。"定义中的某一时期是指暴雨发生的时期，如台风期、梅雨期等。对于可能最大降水量，我国习惯上常称为可能最大暴雨，用 PMP 表示，即 Probable Maximum Precipitation。可能最大降水所形成的洪水称为可能最大洪水，用 PMF 表示，即 Probable Maximum Flood。

我国的 PMP/PMF 研究工作开始于 20 世纪 50 年代末期，经过几十年的发展，在总结国外相关 PMP/PMF 估算方法和实践经验的基础上，至今已研究出一套完整的结合水文气象资料的计算方法。

二、大气中可降水量的计算

大气中的可降水量是指单位面积上，垂直空气柱中的全部水汽凝结后在汽柱底面上所形成的液态水的深度，以 W 表示，单位为 mm。降水的产生必须具备水汽和动力两个基本条件，而暴雨的产生必须有源源不断的充沛的水汽输入和持续强烈的上升运动。

水汽是形成暴雨的原料。大暴雨的产生，仅靠当地的水汽量是不够的，还必须有持续不断的充沛水汽输向暴雨区。在这种条件下，常是暴雨区外围的大尺度流场中出现了水汽通量的幅合。上升运动是使水汽变成暴雨的加工机，它把低层水汽向上输送，是水汽转换成雨滴的重要机制。上升运动包括大尺度的天气系统造成的上升和中小尺度对流上升，以及地形引起的抬升。不同尺度天气系统造成的上升速度的量级是不同的，因而相应的雨量量级也是不同的。

三、大气中可降水量的计算方法

可降水量是可能最大暴雨估算中一种常用的湿度单位，它是大气中水汽含量的一种特殊表达方式。所谓可降水量是指单位面积的空气柱中，自气压为 P_0 的地面至气压为 P（一般取 $P=200\sim300 P_a$）得高空等压面间的总水汽量全部凝结后，所相当的水量，用 g/cm^2 表示。由于水的密度 $\rho_{水}=1g/cm^3$，所以习惯上可降水量 W 用 mm 表示。它的含义是如果气柱内的水汽全部凝结后降落，那么在地面上所形成的水层深度。可降水量 W 的计算方法如下所述。

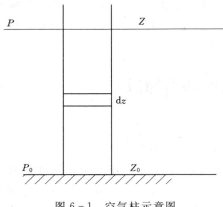

图 6-1　空气柱示意图

取单位面积的空气柱，取厚度为 dz 的空气层，其水汽含量 dm 为

$$dm = \rho_{汽} dz \tag{6-1}$$

式中：$\rho_{汽}$ 为水汽的密度，g/cm^3。

假设单位面积空气柱中的水汽全部凝结为水时，其深度为 dW，则有

$$\rho_{汽} dz = \rho_{水} dW \tag{6-2}$$

其中

$$dW = \frac{\rho_{汽}}{\rho_{水}} dz \tag{6-3}$$

所以单位面积空气柱中的可降水量为

$$W = \int_{z_0}^{z} dW = \int_{z_0}^{z} \frac{\rho_{汽}}{\rho_{水}} dz \tag{6-4}$$

根据空气静力学方程，单位面积上 dz 厚度的空气重量即空气压力 dP 为

$$dP = -\rho_{湿} g dz \Longrightarrow dz = -\frac{dP}{\rho_{湿} g} \tag{6-5}$$

所以有

$$W = -\frac{1}{\rho_{水} g} \int_{P_0}^{P} \frac{\rho_{汽}}{\rho_{湿}} dP = -\frac{1}{\rho_{水} g} \int_{P_0}^{P} q dP \tag{6-6}$$

式中：q 为比湿，$q = \frac{\rho_{汽}}{\rho_{湿}}$，$g/kg$；$\rho_{湿}$ 为湿空气的密度，g/cm^3。

由于探空站稀少且观测年限较短，很多情况下雨区没有实测高空湿度资料。因此，常根据地面露点资料估算大气可降水量。

所谓露点指保持气压和水汽含量不变，使温度降低，当水汽恰当饱和时的温度。

可以证明，比湿 q 与露点 t_d、气压 P 具有下列关系：

$$q = \frac{3800}{P} \times 10^{\frac{7.45t_d}{235+t_d}} \tag{6-7}$$

假定暴雨期间对流层内整层空气呈饱和状态，即各层气温 T 均等于该层的露点 t_d。也就是说，大气温度层结是按湿绝热线分布的，每一个地面露点值便对应于一条湿绝热线。

湿绝热线是物理学概念，如果一个封闭的系统在变化过程中不与外界发生热量交换，这种变化过程称为绝热过程。空气在和外界没有热量交换的情况下体积膨胀或压缩称为空气的绝热变化。

从分子物理学知道，气温是空气内能大小的表现形式。当一块气团从地面绝热上升时，因外界气压的减小而膨胀，一部分内能用于做功，温度下降。反之，当一块干空气从高空绝热下降时，因外界压力增大，外力压缩它，而对它做功，这部分功转化为内能，因而其温度逐渐升高。根据计算，干空气绝热上升或下降 100m 时，其温度降低或增高约 $1℃$，这称为干空气绝热直减率，用 r_d 表示。$r_d = 1℃/100\mathrm{m}$，这里 r_d 是一个定值。可用二维坐标的绝热线图表示，如图 6-2 所示。该绝热线图的纵坐标为高度 Z（m），横坐标为温度 t（℃）。干空气或未饱和湿空气作垂直运动时的温度变化遵循干绝热线 r_d。

未饱和的湿空气绝热上升时温度按 r_d 线下降，但其相对湿度 f 不断增大。当 $f = 100\%$ 时，湿空气中的水汽开始凝结，开始凝结的高度称为凝结高度。这时，未饱和空气就变成饱和空气，倘若这部分湿空气继续上升，情况会怎样呢？

饱和空气绝热上升时，由于其中的水汽逐渐凝结，释放的凝结潜热减缓了气团上升时温度的下降，于是饱和空气绝热上升过程中温度的下降要小一些。同样，饱和空气在绝热下降时，气团中往往含有已经凝结的微小水滴，它们将又蒸发成水汽，这个过程需要吸收热量，减缓了气团下降时温度的升高，于是饱和空气在绝热下降过程中温度的增高比起干空气或未饱和空气的温度增高要小一些。

饱和空气绝热直减率用 r_m 表示，显然 r_m 略小于 r_d 而且不是常数。当饱和空气绝热上升时，最初有较多的水汽凝结，释放的潜热较多，此时 r_m 比 r_d 小得多。此后水汽凝结越来越少，放出的潜热也越少，r_m 就渐渐接近 r_d（此时 r_m 线的切线平行于 r_d 线）。湿绝热线 r_m 如图6-2所示。

水汽凝结后，若凝结的水滴、冰晶留在气块中，随气块作垂直运动，称为湿绝热过程（可逆过程）。若凝结物有一部分或全部作为降水脱离气块降落到地面，称为饱和假绝热过程（不可逆过程）。

饱和假绝热过程这个概念对于 PMP 估算是很重要的。对于估算 PMP，不论气团呈湿绝热

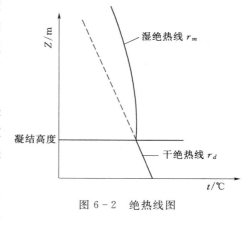

图 6-2　绝热线图

过程或是饱和假绝热过程，露点 t_d 的垂直分布将遵循湿绝热线 r_m 线。也就是说，只要知道地面（$Z=0$）的露点值，就可求出不同高度的露点值，如图 6-3 所示。

若具有各高度层的比湿实测资料，便可计算 W，如下式所示：

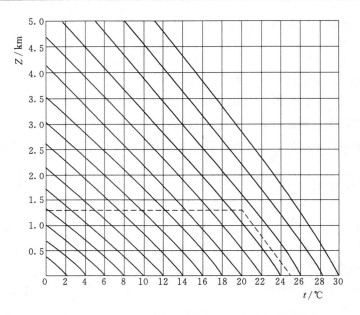

图 6-3　由测站高度换算到 1000hPa 处露点的假绝热图

$$W = -\frac{1}{\rho_{水}g}\int_{P_0}^{P} q\mathrm{d}P = \frac{1}{\rho_{水}g}\int_{P_Z}^{P_0} 3800 \times 10^{\frac{7.45t_d}{235+t_d}} \frac{\mathrm{d}P}{P} \qquad (6-8)$$

在湿绝热状态下，湿空气的状态方程为

$$\rho_{湿} = \frac{P}{R'(273+t_d)} \qquad (6-9)$$

R' 为湿空气的气体常数，随湿空气中水汽含量的多少而变化。

$$\mathrm{d}P = -\rho_{湿}\, g\mathrm{d}z = -\frac{Pg}{R'(273+t_d)}\mathrm{d}z \Longrightarrow \frac{\mathrm{d}P}{P} = -\frac{g}{R'(273+t_d)}\mathrm{d}z$$

所以可降水量计算公式为

$$W = \frac{3800}{\rho_{水}R'}\int_{Z_0}^{Z} \frac{1}{273+t_d} \times 10^{\frac{7.45t_d}{235+t_d}}\mathrm{d}z \qquad (6-10)$$

根据露点沿高度的分布情况，可用数值积分的方法求出式（6-10）的积分值，即式（6-10）可表示为

$$W_{Z_0}^{Z} = W(t_{d,Z_0}) \qquad (6-11)$$

式（6-10）说明了 Z_0-Z 层的可降水量是地面露点的单值函数，并有专用表（附表 4）可查。根据这个原理，可制成海平面（$Z=0$ 或 $P=1000$hPa）至水汽顶界（$Z_m=12000$m 或 $P_0=200$hPa）不同露点（海平面上）对应的可降水量表，见表 6-1。同时也可制成海平面（$Z=0$ 或 $P=1000$hPa）至某一地面高程不同露点（海平面上）对应的可降水量表，见表 6-2。

高程 Z_0 至水汽顶界 Z_m 之间的可降水量 W 的计算步骤如下：

（1）首先将地面露点值 t_{d,Z_0} 换算为海平面（1000hPa）露点值 $t_{d,0}$。方法是由坐标（t_d，Z_0）在图 6-3 上找到其相应位置 B 点，自 B 点平行于最靠近的湿绝热线至 $Z=0$ 处（C 点），其温度即 $t_{d,0}$。

表 6-1　　　1000hPa 地面到 200hPa 间饱和假绝热大气中的可降水量（mm）
与 1000hPa 露点（℃）函数关系表

露点/℃	15	16	17	18	19	20	21	22	23	24	25	26	27	28
可降水量/mm	33	36	40	44	48	52	57	62	68	74	81	88	96	105

表 6-2　　　1000hPa 地面到指定高度间饱和假绝热大气中的可降水量（mm）
与 1000hPa 露点（℃）函数关系表

温度/℃ 高度/m	15	16	17	18	19	20	21	22	23	24	25	26	27	28
200	2	3	3	3	3	3	4	4	4	4	4	5	5	5
400	5	5	5	6	6	6	7	7	8	8	9	9	10	10
600	7	7	8	8	10	10	11	11	12	13	14	14	15	15
800	9	10	10	11	12	13	13	14	15	16	17	18	19	20
1000	11	12	13	13	14	15	16	17	18	20	21	22	23	25
1200	13	14	15	16	17	18	19	20	21	23	24	26	27	29
1400	15	16	17	18	19	20	21	23	24	26	28	29	31	33

（2）按表 6-1 查算海平面至 200hPa 的可降水量 $W_{0 \sim Z_m}$。

（3）按表 6-2 查算海平面至地面的可降水量 $W_{0 \sim 地面}$。

（4）地面以上大气的可降水量即为 $W_{地面 \sim Z_m} = W_{0 \sim Z_m} - W_{0 \sim 地面}$。

【**例 6-1**】　某测站地面高程 $Z_0 = 400$m，地面露点 $t_d = 23.6$℃。求地面至水汽顶界的可降水量 $W_{地面 \sim Z_m}$。

解：

（1）由坐标（$t_d = 23.6$℃，$Z_0 = 400$m）在图 6-3 上得 B 点，自 B 平行于最接近的饱和湿绝热线向下至 $Z = 0$ 处得点 C，读 C 点的温度值得 1000hPa 的露点为 $t_d = 25$℃。

（2）查表 6-1 得 $W_{0 \sim Z_m} = 81$mm。

（3）查表 6-2 得 $W_{0 \sim 地面} = 9$mm。

（4）该站可降水量 $W_{地面 \sim Z_m} = 81 - 9 = 72$（mm）。

第二节　可能最大暴雨的估算方法

一、由降水量近似公式推求可能最大暴雨

对一个地区及一个区域，常对边界条件加以简化。若水汽输送系单一方向进行，以 $V_入 W_入$ 及 $V_出 W_出$ 分别表示水汽输入量及输出量。其中，$W_入$、$W_出$ 分别为入流端与出流端的地面至顶面的气柱可降水量；$V_入$、$V_出$ 分别表示入流端与出流端的平均风速。y 代表入流端和出流端的边长，F 为气柱的底面积，则历时 t 内可降水量的计算公式表示如下：

$$P = \frac{1}{F} \int_0^t (V_入 W_入 y - V_出 W_出 y) \mathrm{d}t \qquad (6-12)$$

即

$$P = (V_入 W_入 - V_出 W_出) \frac{yt}{F} \tag{6-13}$$

根据空气质量连续原理,有

$$V_入 \, y\Delta Z_入 = V_出 \, y\Delta Z_出 \tag{6-14}$$

引入大气静力方程后,可得

$$V_出 = V_入 \, \Delta P_入 / \Delta P_出 \tag{6-15}$$

将式(6-15)代入式(6-13)可得

$$P = V_入 \left(W_入 - \frac{\Delta P_入}{\Delta P_出} W_出 \right) \frac{yt}{F} \tag{6-16}$$

若令 $\left(1 - \frac{\Delta P_入}{W_入 \, \Delta P_出} W_出 \right) \frac{y}{F} = \beta$,则式(6-16)可变为

$$P = \beta V_入 W_入 \, t \tag{6-17}$$

令 $\eta = \beta V_入$,则得到水文上应用的近似降水量公式:

$$P = \eta W_入 \, t \tag{6-18}$$

式中:β 为辐合因子;η 为降水效率。

当降水量公式各因子达到可能最大值 β_m、V_m、η_m、W_m 时,降水量就达到 PMP,即

$$P_m = \beta_m V_m W_m T = \eta_m W_m T \tag{6-19}$$

二、水文气象法推求可能最大暴雨

应用水文气象法推求可能最大暴雨是指由实测典型暴雨求可能最大暴雨,即典型暴雨极大化法,其基本思路是对典型暴雨进行极大化推求可能最大暴雨。典型暴雨极大化法主要包含两方面的计算内容,一是选择典型暴雨,选择典型暴雨时,应注意选择强度大、历时长、暴雨时空分布对流域产生洪水峰量及过程线均恶劣的暴雨典型;二是将降雨量公式中的气象因子进行极大化。主要有水汽极大化法和水汽效率联合放大法等。

1. 水汽极大化法

水汽极大化的概念是根据"在个别特殊暴雨中测得的水汽含量小于大气中容许产生的水汽含量"的设想形成的。它是利用典型暴雨中实测水汽与典型暴雨位置的可能最大水汽之比来放大实测降雨量。

当选定的典型暴雨属于高效暴雨,即 $\eta = \eta_m$ 时,则可用水汽极大化法推求可能最大暴雨,计算公式为

$$P_m = \frac{W_m}{W_典} P_典 \tag{6-20}$$

式中:P_m、$P_典$ 分别为可能最大暴雨及典型暴雨的雨量值;W_m、$W_典$ 分别为可能最大暴雨及典型暴雨的可降水量。

应用上式计算可能最大暴雨,关键是如何确定典型暴雨和可能最大暴雨的可降水量。根据上节可知,可降水量的计算一般采用代表性露点法。因此,可降水量的确定便转化为相应的地面代表性露点 $T_{d典}$ 和 T_{dm} 的确定。

(1)典型暴雨代表性露点 $T_{d典}$ 的选定。一场暴雨的代表性地面露点,是指在适当地点、适当时间选定的地面露点值,该露点值为暴雨的代表性地面露点,确定的方法如下所述。

1）代表性露点的地点选择。在暖湿空气的入流方向大雨边缘选取几个测点，先分别选取各测点降水期间的代表性地面露点值，然后取其平均值，作为典型暴雨的代表性地面露点。

2）代表性露点的时间选择。每个测点代表性露点的选取，是在包括最大 24h 暴雨期及其前 24h 共 48h 内持续 12h 最高露点值，持续 12h 主要是因为产生暴雨必须持续高水汽含量。

从表 6-3 可知，A 站代表性地面露点为 23℃。

表 6-3　　　　　　　　　A 站代表性地面露点分析选择表

时间	月日	8月2日				8月3日			
	时	0	6	12	18	0	6	12	18
露点/℃		20	22	24	23	25	23	21	20

（2）可能最大代表性地面露点的选定。常用的方法有以下几种：

1）按历史最大代表性地面露点确定。当计算地区测站的地面露点资料超过 30 年时，可分月（汛期各月）选用历年中最大的持续 12h 地面露点，作为各该月的可能最大代表性地面露点。

2）按频率计算确定。对测站历年汛期各月最大持续 12h 地面露点进行频率计算，取频率 $P=2\%$ 的地面露点作为该月的可能最大代表性地面露点，各月中取最大者，即为全年的可能最大代表性露点值。

3）按地理分布确定。我国各省区都已绘制了可能最大露点等值线图，可供查用。在图中可查出设计地点的可能最大露点值。但值得注意的是，我国各地区水汽主要来源于西太平洋和孟加拉湾，所以必须用该两地海面最高水温作为暴雨代表性露点的控制值（23~27℃）。

2. 水汽效率联合放大法

若选定的典型暴雨，其水汽含量和效率均未达到最大时，则可将水汽、效率同时放大，可能最大暴雨可按下式进行计算：

$$P_m = \frac{\eta_m W_m}{\eta_{典} W_{典}} P_{典} \tag{6-21}$$

其中 $\eta = \dfrac{P}{WT} = \dfrac{I}{W}$，可能最大效率 η_m 值的确定，可采用不同历时的效率 η 值，绘制 η-T 关系线，取其外包值作为可能最大效率 η_m 值。

若设计流域缺乏时空分布严重的特大典型暴雨，则可经以气象分析为主的综合论证，移植邻近流域的特大暴雨，此种方法称为移植暴雨法。此法的关键是需对移植可能性进行论证，并根据设计流域和移植暴雨发生区之间存在的地理位置、地形等方面的差异，作移植修正。

第三节　可能最大暴雨等值线图集的应用

一、可能最大暴雨等值线图

可能最大暴雨等值图能够很好地反映可能最大暴雨在地区上的分布。对于中小型水利工程，由于缺乏推求可能最大暴雨的资料，因此，可能最大暴雨等值线图便成为计算可能最大暴雨的有力工具。

可能最大暴雨等值图是在完成单站可能最大暴雨估算工作的基础上进行绘制的。它反映了一定历时、一定流域面积可能最大暴雨在地区上的变化和分布规律，为区域内任何流域提供了可能最大暴雨的估算数据，并能对区域内各流域的可能最大暴雨进行比较和协调。

目前，我国各省区的可能最大暴雨等值线图已经刊布，可供查用。

二、暴雨时面深关系

全国各省区制定了可能最大 24h 点雨量等值线图后，为了满足中小流域推算可能最大洪水的需要，还必须分析暴雨随时间和空间分布的变化规律，亦即暴雨的时面深关系，配合可能最大 24h 暴雨等值线图集，用来计算不同流域面积和历时的可能最大平均雨量。

三、暴雨时程分配

在设计时，除了需要不同历时的面平均雨量外，还必须分析可能最大暴雨的时程分配。可能最大暴雨的时程分配，应根据邻近地区的大暴雨资料综合分析得出。有关可能最大暴雨的时程分配雨型都刊印在各省区的水文手册或水文图集中，可直接查用。

【例 6-2】 江苏省某水库集水面积 $F = 120 \text{km}^2$，试求 24h 可能最大暴雨的降雨过程。

解：

(1) 查江苏省可能最大 24h 点雨量等值线图，得该水库流域中心点的可能最大 24h 暴雨量为 $\text{PMP}_{24h} = 800 \text{mm}$。

(2) 根据 $F = 120 \text{km}^2$，查江苏省 PMP 时-面-深（t-F-K）关系图（图 6-4），得到各种历时的折算系数 K（表 6-4），各历时最大面雨量等于各自的 K 值乘以可能的最大 24h 点雨量。

(3) 该省可能最大 24h 暴雨时程分配百分比见表 6-5。根据该暴雨时程分配比，采用分段控制放大法求可能最大 24h 暴雨过程。最大 1h 暴雨量 $\text{PMP}_{1h} = 152 \text{mm}$ 放在第 14 时

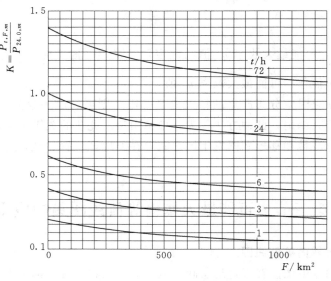

图 6-4　江苏省 PMP 时-面-深（t-F-K）关系图

表 6 - 4　　　　　　　　　　江苏省某水库流域各历时可能最大面雨量计算表

历时 t/h	1	3	6	12	24
折算系数 K	0.19	0.36	0.55	0.74	0.92
各历时可能最大面雨量 $P_{m,t}/mm$	152	288	440	592	736

段；$PMP_{3h}-PMP_{1h}=288-152=136$（mm），用 136mm 乘以第 13 和 15 时段的分配比，得 66.9mm 和 69.1mm，其他历时依此进行，得 24h PMP 的逐时雨量依次为表 6 - 5 所示。

表 6 - 5　　　　　　　　　　江苏省可能最大 24h 暴雨时程分配雨型

时段 $\Delta t=1h$		1	2	3	4	5	6
各历时分配比/%	P_1						
	P_3-P_1						
	P_6-P_3						
	$P_{12}-P_6$						
	$P_{24}-P_{12}$	0	0	0	0	6.5	6.5
		0	0	0	0	9.4	9.4

时段 $\Delta t=1h$		7	8	9	10	11	12
各历时分配比/%	P_1						
	P_3-P_1						
	P_6-P_3						
	$P_{12}-P_6$						
	$P_{24}-P_{12}$	12.9	12.9	16.1			
PMP 暴雨过程/mm		18.6	18.6	23.2	17.2	29.0	29.0

时段 $\Delta t=1h$		13	14	15	16	17	18
各历时分配比/%	P_1		100				
	P_3-P_1	49.5		50.8			
	P_6-P_3				39.8	31.1	29.1
	$P_{12}-P_6$						
	$P_{24}-P_{12}$						
PMP 暴雨过程/mm		66.9	152	69.1	60.5	47.3	44.2

时段 $\Delta t=1h$		19	20	21	22	23	24
各历时分配比/%	P_1						
	P_3-P_1						
	P_6-P_3						
	$P_{12}-P_6$	29.6	13.9	7.0			
	$P_{24}-P_{12}$				19.4	16.1	9.6
PMP 暴雨过程/mm		45.0	21.1	10.7	27.9	23.1	13.8

第四节 可能最大洪水的推求

由可能最大暴雨推求可能最大洪水的方法，与用一般暴雨资料推求设计洪水基本相同，即包括产流计算和汇流计算两大步骤。另外，还必须考虑可能最大暴雨条件下的某些特点。

一、净雨过程的计算

由于可能最大暴雨的强度大，故在降雨开始以后很快就会产流。因此，可能最大暴雨比典型暴雨一般要提前产流，净雨历时一般较长，净雨总量显著增大，而降雨的损失量则相对较小，即径流系数大。

可能最大暴雨的净雨计算，同样可以采用径流系数法、暴雨径流相关图法等方法。

二、洪水过程线的计算

由可能最大暴雨推求可能最大洪水的洪水过程，一般仍采用各种单位线法。常用的各种单位线法，都假定蓄泄方程为线性，故属于线性汇流计算。而可能最大洪水的计算，则必须考虑非线性的修正。如果流域内有大洪水资料，可直接应用由这些资料分析出来的单位线，无需再作非线性修正。如果本流域内没有大洪水资料，可通过综合分析，用邻近地区的大洪水资料。否则，必须考虑非线性修正。

第七章　设计年径流及其年内分配

第一节　年径流变化及其影响因素分析

一、年径流的变化特性

在河槽里运动的水流叫做河川径流，简称径流。在一个年度内，通过河流某一断面的累计水量称为该断面的年径流量。设计年径流量是指相应于设计频率的年径流量。年径流量可用年平均流量、年径流深或年径总量表示。

河川径流不仅在一年之内有较大的变化，而且在年际间变化也较大。因此把年平均流量较大的年份称为丰水年，年平均流量较小的年份称为枯水年，年平均流量接近于多年平均值的年份称为平水年，径流的这种变化称为年际变化。

通过对年径流观测资料的分析，可以看出年径流变化的一些特性。

（1）年径流具有大致以年为周期的汛期与枯水期交替变化的规律，但各年的汛、枯季的历时有长有短，发生的时间有早有晚，水量也有大有小，基本上年年不同，具有偶然性。

（2）年径流在年际间变化很大，有些河流丰水年径流量可达平水年的 2～3 倍，枯水年径流量只有平水年的 0.1～0.2 倍。为了便于比较，采用丰水年模比系数和枯水年模比系数表示。

（3）年径流在多年变化中有丰水年组和枯水年组交替出现的现象。例如松花江哈尔滨站前 31 年（1898—1928 年）基本上是枯水年组，这一段的平均年径流量比正常年份少40%，以后出现连续 7 年（1960—1966 年）的丰水年组，这段的平均年径流量比多年平均值多 32%。浙江新安江水电站建成后也出现连续 13 年（1956—1968 年）的枯水年组，影响了电站的正常运行。

除此之外，河川径流在时空分布上还具有以下几方面变化特性：

（1）径流的季节分配。河川径流的主要来源为大气降水，降水在年内分配是不均匀的，有多雨季节和少雨季节，径流也随之呈现出丰水期和枯水期，或汛期与非汛期。

（2）径流的地区分布。河川径流的地区性差异非常明显，这也和雨量分布密切相关。多雨地区径流充沛，少雨地区径流较少。我国的多水带，年径流深在 1000mm 以上。我国的少水带，年径流深在 10～50mm 之间；而许多沙漠地区为干涸带，年径流深不足 10mm。

（3）径流的周期性。绝大多数河流以年为周期的特性非常明显。在一年之内，丰水期和枯水期交替出现，周而复始。又因特殊的自然地理环境或人为影响，在一年的主周期中，也会产生一些较短的特殊周期现象。例如，冰冻地区在冰雪融解期间，白昼升温，融解速度加快，径流较大；夜间相反，呈现出以锯齿形为特征的径流日周期现象。

二、年径流分析计算的目的和内容

1. 年径流分析计算的目的

年径流分析计算是水资源利用工程中最重要的工作之一。设计年径流是衡量工程规模和确定水资源利用程度的重要指标。推求不同保证率的年径流量及其分配过程，就是设计年径流分析计算的主要目的。

（1）设计保证率：水资源利用工程包括水库蓄水工程、供水工程、水力发电工程和航运工程等，其设计标准，用保证率表示，反映对水利资源利用的保证程度，即工程规划设计的既定目标不被破坏的年数占运用年数的百分比。例如，一项水资源利用工程，有 90% 的年份可以满足其规划设计确定的目标，则其保证率为 90%，依此类推。

（2）破坏率：水资源利用程度，在分析枯水期径流和时段最小流量时，还可用破坏率，即破坏年数占运用年数的百分比来表示，在概念上更为直观。

事实上，保证率和破坏率是事物的两个侧面，互为补充，并可进行简单的换算。设保证率为 P，破坏率为 q，则 $P=1-q$。

2. 年径流分析计算的内容

年径流分析计算的内容主要有以下几方面：

（1）基本资料信息的搜集和复查。进行年径流分析的基本资料和信息，包括设计流域和参证流域的自然地理概况、流域河道特征、有明显人类活动影响的工程措施、水文气象资料，以及前人分析的有关成果。其中水文资料，特别是径流资料为搜集的重点。对搜集到的水文资料，应有重点地进行复查，着重从观测精度、设计代表站的水位流量关系以及上下游的水量平衡等方面，对资料的可靠性作出评定。发现问题应找出原因，必要时应会同资料整编单位，作进一步审查和必要的修正。

（2）年径流量的频率分析计算。对年径流系列较长且较完整的资料，可直接进行频率分析，确定所需的设计年径流量。对资料短缺的流域，应尽量设法延长其径流系列，或用间接方法，经过合理的论证和修正、移用参证流域的设计成果。

（3）提供设计年径流的时程分配。在设计年径流量确定以后，参照本流域或参证流域代表年的径流分配过程，确定年径流在年内的分配过程。

（4）根据需要进行年际连续枯水段的分析和枯水流量分析计算。

（5）对分析成果进行合理性检查。包括检查分析计算的主要环节，与已有设计成果和地区性综合成果进行对比等手段，对设计成果的合理性作出论证。

三、影响年径流量的因素

研究影响年径流量的因素，对年径流量的分析与计算具有重要的意义，主要表现在以下几方面：

（1）从物理成因方面去探讨径流的变化规律。

（2）径流资料短缺时，可以利用径流与有关因素之间的关系来展延年径流系列，推估径流特征值。

（3）可以对计算成果作分析论证。

研究影响年径流量的因素，可以利用流域水量平衡方程式进行分析。

$$R = P - E + \Delta u + \Delta w \tag{7-1}$$

式中：R 为流域年径流深；P 为年降水量；E 为年蒸发量；Δu 为流域年蓄水量变化；Δw 为流域之间的年交换水量，当流域为闭合时，$\Delta w = 0$。

影响因素主要有降水量、蒸发量、蓄水量变化和流域交换水量，其中，降水量和蒸发量为气候因素；蓄水量变化及流域交换水量为下垫面和人类活动的影响。概括来讲，影响年径流量的因素为气候、下垫面（地形、植被、土壤、地质、湖泊、沼泽、流域大小）、人类活动。

1. 气候因素对年径流量的影响

在气候因素中，年降水量与年蒸发量对年径流量的影响程度，随流域所在地区不同而有差异。

（1）在湿润带及半湿润带。降水量大，蒸发量相对较小。其年径流系数多大于 0.3～0.5，流域的年降水量与年径流量密切相关，降水量对年径流量起决定性作用。

（2）在半干旱地区，年径流系数多小于 0.1，年降水量及年蒸发量对年径流量均有明显作用。

（3）对于以冰雪补给的河流，其年径流量与前一年的降雪量和当年的气温有关。

2. 流域下垫面因素对年径流量的影响

流域下垫面因素可从两方面影响年径流量。一是通过流域蓄水能力的改变影响年径流；二是通过对气候因素的影响间接地对年径流量产生影响。

（1）地形。地形对降水有影响，降水又影响着年径流量，因而是间接地发生作用。

山地对水汽的运动有阻滞及抬升作用，年降水量随高程的增加而增加。山脉迎风坡的年降水量大于背风坡。气温随高程的增加而减少，因而蒸发量随高程的增加而减少，综合降水及蒸发两种因素的作用，致使年径流量有随高程的增加而增大的现象。但当高程增加到一定限度时，由于降水量不再增加，从而年径流量的变化也不再明显。流域坡度对年径流量也有影响。坡度陡则降水产流后很快进入河槽，减少了水流在汇流过程中的蒸发机会，从而增加了年径流量。

（2）植被。流域内育草育林一般会使年径流量减少，径流年内分配较育草育林前均匀（使枯季径流增加）。森林的林冠截留了一部分降水，耗于蒸发，从而使蒸发量增加，径流量减少。森林的枯枝落叶层及树木根系都使下渗能力加强，土壤调蓄能力增加，使径流过程变缓。

（3）土壤和地质。土壤及含水岩层具有地下水库的调蓄作用，从而影响径流的年内分配。岩溶地区不仅起地下水库的作用，还因其形成不闭合流域，使年径流量与地面流域面积不匹配，有时过多，有时太少，影响径流年内分配及年际变化。

（4）湖泊和沼泽。湖泊和沼泽增加了流域的水面面积，增大了流域的蒸发量，从而使年径流量减少。较大的湖泊，具有调蓄径流的能力，可减小径流年内及年际变化幅度。湿润地区，水面蒸发与陆面蒸发相差不大，湖泊对年径流量的影响较小。

（5）流域大小。流域面积大，相应的蓄水能力也大。流域内部各地径流的不同期性愈加明显，大江大河是由许多中小河流汇集而来，其中小河流同一年份的丰枯变化不尽相同，对大江大河而言，得以互相补偿，致使年际变化和缓。

3. 人类活动对年径流量的影响

人类活动对年径流量的影响，包括直接与间接两个方面。

（1）直接影响，如跨流域引水，将本流域的水量引到另一流域，或将另一流域的水引到本流域，都直接影响河川的年径流量。

（2）间接影响，如修建水库、塘堰等水利工程，旱地改水田，坡地改梯田，浅耕改深耕，植树造林等措施，这些主要是通过改造下垫面的性质而影响年径流量。一般地说，这些措施都将使蒸发增加，从而使年径流量减少。

第二节　具有长期实测资料的设计年径流分析计算

SL 278—2002《水利水电工程水文计算规范》规定，年径流频率计算依据的资料系列应在 30 年以上。具有长期实测年径流资料时，设计年径流量的计算主要包括实测年径流资料的审查和设计年径流的推求两个内容。

一、水文资料的审查

水文资料是水文分析计算的依据，它直接影响着工程设计的精度和工程的安全与规模。因此，对所有的水文资料必须慎重地进行审查。资料审查包括对资料的可靠性、一致性和代表性三个方面的审查。

1. 资料可靠性审查

（1）观测的方法、精度、流量计算的方法。如高水测流时浮标系数采用过高、过低，均会导致汛期流量偏大或偏小。

（2）水位观测的方法、精度，水位过程线有无反常情况。

（3）水位流量关系曲线的绘制及延长方法，历年水位流量关系曲线受河道变迁引起的变化情况。

（4）上、下游站的水量应符合水量平衡原则，即下游站的径流量应等于上游站径流量加上区间径流量。

2. 资料一致性审查

应用数理统计法进行年径流的分析计算时，一个重要的前提是年径流系列应具有一致性。就是说组成该系列的流量资料，都是在同样的气候条件、同样的下垫面条件和同一测流断面上获得的。其中气候条件变化极为缓慢，一般可以不加考虑。人类活动影响下垫面的改变，有时却很显著，为影响资料一致性的主要因素，需要重点进行考虑。测量断面位置有时可能发生变动，当对径流量产生影响时，需要改正至同一断面的数值。即当设计站的径流量和径流过程受人类活动影响发生显著变化时，则应进行还原计算。

3. 资料代表性审查

年径流系列的代表性，是指该样本对年径流总体的接近程度，如接近程度较高，则系列的代表性较好，频率分析成果的精度较高，反之较低。样本对总体代表性的高低，可通过对二者统计参数的比较加以判断。但总体分布是未知的，无法直接进行对比，只能根据人们对径流规律的认识以及与更长径流、降水等系列对比，进行合理性分析与判断。常用的方法如下：

（1）进行年径流的周期性分析。对于一个较长的年径流系列，应着重检验它是否包括了一个比较完整的水文周期，即包括了丰水段（年组）、平水段和枯水段（年组），而且丰、枯水段又大致是对称分布的。

（2）与更长系列参证变量进行比较。参证变量指与设计断面径流关系密切的水文气象要素，如水文相似区内其他测站观测期更长，并被论证有较好代表性的年径流或年降水系列。

二、设计年径流的计算

1. 设计年、月径流系列的选取

实测径流系列经过审查和分析过后，再按水利年度排列为一个新的年、月径流系列，然后从这个长系列中选取代表段。代表段应包括丰、平、枯水年，有一个或几个完整的调节周期，并且系列长度应满足计算要求。这个代表段就是水利计算所要求的"设计年、月径流系列"，采用设计年、月径流系列进行兴利调节计算或水能计算的方法通常称为长系列法。

运用长系列法逐时段进行调节计算，虽然概念明确，但对水文资料要求较高，在实际工作中，尤其是在规划设计阶段需进行多方案进行比较，计算工作量大。因此，在规划设计中小型水利工程时，一般采用指定频率计算设计年径流量即设计代表年法或实际代表年法作为调节计算的依据。

2. 设计代表年、月径流计算

设计代表年的年、月径流计算内容包括设计年径流量的计算和设计年径流的径流过程计算两部分，其中一般采用缩放代表年径流过程线的方法来确定设计年径流量的年内分配。

根据审查分析后的长期实测径流资料，按年径流量采用适线法等方法进行频率计算，根据工程实际需求计算指定频率的设计年径流值。

（1）代表年的选择。

1）选取年径流量与设计值相接近的年份作为代表年。因为两者水量相近，两者年内分配的形成条件不致相差太大，则用代表年的径流分配情况去代表设计情况发生的可能性也较大。

2）选取对工程较为不利的年份作为代表年。这是因为水量接近的年份可能不止一年。为了安全起见，在其中选用水量在年内的分配对工程较为不利的年份作为代表年。所谓对工程不利，就是根据这种代表年的径流分配情况，计算得到的工程效益较低。对灌溉工程而言，灌溉需水期径流量比较枯，非灌溉期径流量相对较丰的这种年内分配经调节计算后，需要较大的库容才能保证供水；对水利水电工程而言，则应选取枯水期较长且枯水期径流量又较枯的年份。

（2）径流年内分配计算。

1）同倍比法。按年水量控制和按供水期水量控制两种方法。用设计年水量与代表年的年水量比值或用设计的供水期与代表年的供水期水量之比值，对整个代表年的月径流过程进行缩放，即得设计年内分配。

当代表年选定以后，统计出实测年径流 $W_实$（或 $Q_实$），求出设计年径流 W_p（或 Q_p），并与实测年径流相比得比例系数 K。

$$K = W_p / W_实$$

或

$$K = Q_p / Q_实 \tag{7-2}$$

用此系数遍乘代表年各月的实测径流过程，即得设计年径流的按月时程分配。

2）同频率法。同频率法的基本思想就是使所求的设计年内分配的各个时段径流量都能符合设计频率，采用各时段不同倍比缩放代表年的逐月径流，以获得同频率的设计年内分配。

同频率法计算步骤如下：

（a）根据要求选定几个时段，如最小 1 个月、最小 3 个月 2 个时段。

（b）作各个时段的水量频率曲线，求设计频率的各个时段的径流量。

（c）按选代表年的原则选取代表年，在代表年的逐月径流过程上，统计最小 1 个月的流量 $Q_{1代}$，连续最小 3 个月的流量 $Q_{3代}$，并要求长时段的水量包含短时段水量。

（d）计算求解各时段的缩放比。

（e）计算设计代表年内分配，用各自的缩放比乘对应的代表年的各月流量得到。

【例 7-1】　拟兴建一水利水电工程，所在河流水文测站有 18 年（1958—1976 年）的流量资料，如表 7-1 所列。其中设计频率为 $P = 90\%$ 的年最小 3 个月、最小 5 个月的频率

表 7-1　　　　　　　　　水文测站历年逐月平均流量表　　　　　　　　单位：m^3/s

年份	月 平 均 流 量												年均流量
	3	4	5	6	7	8	9	10	11	12	1	2	
1958—1959	16.5	22.0	43.0	17.0	4.63	2.46	4.02	4.84	1.98	2.47	1.87	21.6	11.9
1959—1960	7.25	8.69	16.3	26.1	7.15	7.50	6.81	1.86	2.67	2.73	4.20	2.03	7.78
1960—1961	8.21	19.5	26.4	24.6	7.35	9.62	3.20	2.07	1.98	1.90	2.35	13.2	10.0
1961—1962	14.7	17.7	19.8	30.4	5.20	4.87	9.10	3.46	3.42	2.92	2.48	1.62	9.64
1962—1963	12.9	15.7	41.6	50.7	19.4	10.4	7.48	2.97	5.30	2.67	1.79	1.80	14.4
1963—1964	3.20	4.98	7.15	16.2	5.55	2.28	2.13	1.27	2.18	1.54	6.45	3.87	4.73
1964—1965	9.91	12.5	12.9	34.6	6.90	5.55	2.00	3.27	1.62	1.17	0.99	3.06	7.87
1965—1966	3.90	26.6	15.2	13.6	6.12	13.4	4.27	10.5	8.21	9.03	8.35	8.48	10.6
1966—1967	9.52	29.0	13.5	25.4	25.4	3.58	2.67	2.23	1.93	2.76	1.41	5.30	10.2
1967—1968	13.0	17.9	33.2	43.0	10.5	3.58	1.67	1.57	1.82	1.42	1.21	2.36	10.9
1968—1969	9.45	15.6	15.5	37.8	42.7	6.55	3.52	2.54	1.84	2.68	4.25	9.00	12.6
1969—1970	12.2	11.5	33.9	25.0	12.7	7.30	3.65	4.96	3.18	2.35	3.88	3.57	10.3
1970—1971	16.3	24.8	41.0	30.7	24.2	8.30	6.50	8.75	4.52	7.96	4.10	3.80	15.1
1971—1972	5.08	6.10	24.3	22.8	3.40	3.45	4.92	2.79	1.76	1.30	2.23	8.76	7.24
1972—1973	3.28	11.7	37.1	16.4	10.2	19.2	5.75	4.41	4.53	5.59	8.47	8.89	11.3
1973—1974	15.4	38.5	41.6	57.4	31.7	5.86	6.56	4.55	2.59	1.63	1.76	5.21	17.7
1974—1975	3.28	5.48	11.8	17.1	14.4	14.3	3.84	3.69	4.67	5.16	6.26	11.1	8.42
1975—1976	22.4	37.1	58.0	23.9	10.6	12.4	6.26	8.51	7.30	7.54	3.12	5.56	16.9

注　"＿＿"表示供水期。

计算成果如表 7-2 所列。试求 $P=10\%$ 的设计丰水年、$P=50\%$ 的设计平水年、$P=90\%$ 的设计枯水年的设计年径流量，用同倍比法求设计丰水年、设计平水年、设计枯水年的年内分配，并同时用同频率法求设计枯水年的年内分配。

表 7-2 水文测站时段月平均流量频率计算成果 （$P=90\%$）

时　　段	均值/(m^3/s)	C_v	C_s	Q_p
12 个月	132	0.32	2.0	81.8
最小 5 个月	18.0	0.47	2.0	8.45
最小 3 个月	9.10	0.50	2.0	4.00

解：（1）年月资料的审查

（2）年均径流量频率计算，计算成果如下：

年均径流量均值 $\overline{Q}=11m^3/s$，$C_v=0.32$，$C_s=2C_v$。

模比系数 $K_{10\%}=1.43$，$K_{50\%}=0.97$，$K_{90\%}=0.62$。

（3）设计年径流量计算

$P=10\%$ 的设计丰水年：$Q_{10\%}=K_{10\%}\overline{Q}=1.43\times11=15.7(m^3/s)$

$P=50\%$ 的设计平水年：$Q_{50\%}=K_{50\%}\overline{Q}=0.97\times11=10.7(m^3/s)$

$P=90\%$ 的设计枯水年：$Q_{90\%}=K_{90\%}\overline{Q}=0.62\times11=6.82(m^3/s)$

（4）代表年的选择

$P=10\%$ 的设计丰水年，$Q_{10\%}=15.7m^3/s$，按水量接近、分配不利（即汛期水量较丰）的原则，选 1975—1976 年为丰水代表年，$Q_{d.10\%}=16.9m^3/s$。

$P=50\%$ 的设计平水年，$Q_{50\%}=10.7m^3/s$，应选能反映汛期、枯水期的起讫月份和汛、枯水期水量百分比满足平均情况的年份，故选 1960—1961 年为平水代表年，$Q_{d.50\%}=10.0m^3/s$。

$P=90\%$ 的设计枯水年，$Q_{90\%}=6.82m^3/s$，与之具有相近枯水年年均流量的实际年份有 1971—1972 年 （$Q=7.24m^3/s$）、1964—1965 年 （$Q=7.87m^3/s$）、1959—1960 年 （$Q=7.78m^3/s$）、1963—1964 年 （$Q=4.73m^3/s$）4 个年份，考虑分配不利，即枯水期水量较枯，选取 1964—1965 年作为枯水代表年，1971—1972 年作比较用。

（5）同倍比法进行年内分配计算

缩放倍比 K 的计算

设计丰水年缩放倍比计算：$K_丰=\dfrac{15.7}{16.9}=0.929$

设计平水年缩放倍比计算：$K_平=\dfrac{10.7}{10.0}=1.07$

设计枯水年缩放倍比计算：$K_枯=\dfrac{6.82}{7.84}=0.866$（1964—1965 年代表年）

$K_枯=\dfrac{6.82}{7.24}=0.942$（1971—1972 年代表年）

以缩放倍比 K 乘以各自的代表年逐月径流，即得设计年径流年内分配，计算成果如表 7-3 所列。

表 7-3　　　　　　　水文测站同倍比缩放的设计年、月平均流量表　　　　单位：m³/s

年份	月平均流量												年均流量
	3	4	5	6	7	8	9	10	11	12	1	2	
枯水代表年 1964—1965	9.91	12.5	12.9	34.6	6.90	5.55	2.00	3.27	1.62	1.17	0.99	3.06	7.87
设计枯水年	8.59	10.8	11.2	29.9	5.97	4.82	1.73	2.83	1.40	1.02	0.86	2.67	6.82
枯水代表年 1971—1972	5.08	6.10	24.3	22.8	3.40	3.45	4.92	2.79	1.76	1.30	2.23	8.76	7.24
设计枯水年	4.80	5.76	22.8	21.5	3.20	3.25	4.63	2.63	1.66	1.22	2.10	8.25	6.82
平水代表年	8.21	19.5	26.4	24.6	7.35	9.62	3.20	2.07	1.98	1.90	2.35	13.2	10.0
设计平水年	8.78	20.9	28.2	26.3	7.86	10.3	3.42	2.21	2.12	2.03	2.51	1.41	10.7
丰水代表年	22.4	37.1	58.0	23.9	10.6	12.4	6.26	8.51	7.30	7.54	3.12	5.56	16.9
设计丰水年	20.8	34.5	53.9	22.2	9.85	11.5	5.82	7.90	6.78	7.00	2.90	5.17	15.7

（6）用同频率法计算设计枯水年的年内分配

计算各时段的缩放倍比

对 1964—1965 年代表年

$$K_3 = \frac{Q_{3,p}}{Q_{3,d}} = \frac{4.00}{3.78} = 1.06$$

$$K_{5-3} = \frac{Q_{5-3,p}}{Q_{5-3,d}} = \frac{8.45 - 4.00}{9.05 - 3.78} = 0.844$$

$$K_{12-5} = \frac{Q_{12-5,p}}{Q_{12-5,d}} = \frac{81.8 - 8.45}{94.5 - 9.05} = 0.858$$

同理对 1971—1972 年代表年的缩放倍比分别为 $K_3 = 0.756$，$K_{5-3} = 0.577$，$K_{12-5} = 0.993$。

计算设计枯水年年内分配，用各自的缩放倍比乘以相对应的代表年的各月流量即可，结算成果如表 7-4 所列。

表 7-4　　　　　　　水文测站同频率缩放的设计年、月平均流量表　　　　单位：m³/s

年份	月平均流量											
	3	4	5	6	7	8	9	10	11	12	1	2
1964—1965	9.91	12.5	12.9	34.6	6.90	5.55	2.00	3.27	1.62	1.17	0.99	3.06
缩放倍比	0.858	0.858	0.858	0.858	0.858	0.858	0.844	0.844	1.06	1.06	1.06	0.858
设计枯水年	8.50	10.7	11.3	29.7	5.92	4.76	1.69	2.76	1.71	1.24	1.05	2.62
1971—1972	5.08	6.10	24.3	22.8	3.40	3.45	4.92	2.79	1.76	1.30	2.23	8.76
缩放倍比	0.993	0.993	0.993	0.993	0.993	0.993	0.577	0.577	0.756	0.756	0.756	0.993
设计枯水年	5.04	6.05	24.1	22.6	3.37	3.42	2.84	1.61	1.33	0.98	1.69	8.70

3. 实际代表年年、月径流量的选取

实际代表年法就是从实测年、月径流量系列中，选出一个实际的干旱年作为代表年，用其年径流分配过程直接与该年的用水过程相配合而进行调节计算，求出调节库容，确定工程规模。选出的年份就称实际代表年，其年、月径流量就是实际代表年年、月径流量。

4. 成果合理性分析

（1）多年平均年径流量的检查。影响多年平均年径流量的因素为气候因素，而气候因素是具有地理分布规律的，所以多年平均年径流量也具有地理分布规律。将设计站与上下游站和邻近流域（考虑流域控制面积）的多年平均径流量进行比较，便可判断所得成果是否合理。

（2）年径流量变差系数的检查。反映径流年际变化程度的年径流量的 C_v 值也具有一定的地理分布规律。根据流域年径流量 C_v 等值线图，可检查年径流量 C_v 值的合理性。对某些有特殊下垫面条件的小流域年径流量 C_v 值可能并不协调，在分析检查时应进行深入分析。一般说来，小流域的调蓄能力较小，它的年径流量变化比大流域大些。

（3）年径流量偏态系数的检查。年径流量偏态系数的变化规律，至今研究不足。

第三节　具有短期实测资料的设计年径流分析计算

当实测年径流系列不足 30 年或虽有 30 年，但系列不连续或不具有代表性时，如果根据这些资料进行计算，求得的成果可能就会存在较大的误差。为了使资料具有足够的代表性，达到提高计算精度、保证成果可靠性的要求，必须设法进行年径流资料的插补展延。其方法就是寻求与设计断面径流有密切关系并有较长观测系列的参证变量，通过设计断面年径流与其参证变量的相关关系，将设计断面年径流系列适当地加以延长至规范要求的长度。根据延长后的资料采用同具有长期实测资料相同的方法进行设计年径流分析计算。

一、参证变量的选择

在水文计算中，插补展延常用的方法是相关法，即建立设计变量与参证变量的相关关系，利用参证变量的较长实测资料，把设计变量的资料展延到一定长度。最常采用的参证变量有设计断面的水位、上下游测站或邻近河流测站的径流量、流域的降水量。

参证变量应具备下列条件：

（1）参证变量与设计断面径流量在成因上有密切关系。

（2）参证变量与设计断面径流量有较多的同步观测资料。

（3）参证变量的系列较长，并有较好的代表性。

实际工作中，通常用径流量或降雨量作为参证资料来展延设计站的年、月径流量系列，也可以用水位资料，建立水位流量关系来展延年、月径流。

二、利用径流资料展延系列

1. 以邻站径流量相关法展延设计站年径流量系列

年径流量的主要影响因素在地区上具有同期性，因而各站年径流量之间也有相同的变化趋势。当设计站实测年径流量资料不足时，可利用上下游、干支流或邻近流域测站的长系列实测年径流量资料来展延系列。

设有甲、乙两个水文站，设计断面位于甲站附近，但只有 1971—1980 年实测径流资料。其下游的乙站却有 1961—1980 年实测径流资料，见表 7 - 5。将两者 10 年同步年径流观测资料对应点绘，发现相关关系较好，如图 7 - 1 所示。

表7－5				某河流甲、乙两站年径流资料				单位：m³/s	
时间	1961	1962	1963	1964	1965	1966	1967	1968	1969	1970
乙站	1400	1050	1370	1360	1710	1440	1640	1520	1810	1410
甲站	(1120)	(800)	(1100)	(1080)	(1510)	(1180)	(1430)	(1230)	(1610)	(1150)
时间	1971	1972	1973	1974	1975	1976	1977	1978	1979	1980
乙站	1430	1560	1440	1730	1630	1440	1480	1420	1350	1630
甲站	1230	1350	1160	1450	1510	1200	1240	1150	1000	.1450

注　括号内数字为插补值。

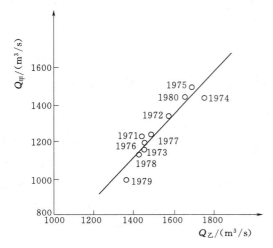

图7－1　甲、乙两站年径流相关图

根据两者的相关线，可将甲站1961—1970年缺测的年径流查出，延长年径流系列，进行年径流的频率分析计算。

2. 以月径流量相关法展延年、月径流量系列

当设计需要提供逐月径流量资料时，可将上、下游参证站的月径流量作为参证变量与设计站月径流量建立相关关系。如两者流域面积相差不大时，可以得到较好的相关关系。如建立相关关系的月份中含有汛期，则区间降雨会影响上、下游站之间的月径流关系，可采用区间雨量为参数加以改进。月径流量相关关系一般不如年径流量相关关系密切，对个别离群的点据需具体分析，以提高精度。

三、利用降雨资料展延系列

径流是降雨的产物。流域的年径流量与流域的年降雨量往往有良好的相关关系。又因降雨观测系列在许多情况下较径流观测系列长，因此降雨系列常被用来作为延长径流系列的参证变量。

1. 以年降雨径流相关法展延年径流量系列

我国多雨带及湿润带年降雨量是年径流量的主要影响因素，具有较好的同步性，因而两者相关关系好，如设计流域内的雨量站多，且流域平均年降水量系列较年径流量系列长时，可建立年降雨量与年径流量的相关关系，利用年降雨量延长年径流系列。在点绘流域平均年降雨量与同期年径流量相关图时，为了便于比较，通常采用同一单位，均以mm表示，即用年径流深表示年径流量，如图7－2所示。

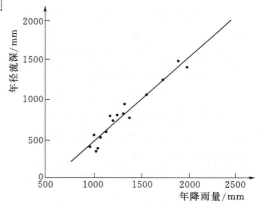

图7－2　年径流深和年降雨量相关关系图

2. 以月降雨径流相关法展延年、月径流量系列

有时由于设计站的实测年径流量系列过短，不足以建立年降雨量与年径流量的相关关系，或当规划设计要求提供逐年月径流资料时，可以考虑建立月降雨量与月径流量之间的相关关系，月径流量亦以月径流深表示，单位为 mm。月降雨量与月径流量之间的相关关系一般较差，主要原因大致有两个方面：一是枯水月份降雨量不大，月径流量主要受月蒸发量和流域蓄水量变化的影响，有时月径流量大于月降雨量，这是由于流域蓄水量补给了枯季月份的径流量；二是月降雨量与月径流深在时间上不对应，如降雨在本月末而径流量的大部分在下月初形成。

修正方法为将月末降雨量的全部或部分计入下个月降雨量中；或将在下月初流出的径流量计入上月径流量中，使与降雨量相应。

3. 利用确定性的降雨径流模型插补年、月径流

造成月降雨径流关系点据离散的原因在于没有考虑流域蒸发和降雨月内分配对径流的影响，利用降雨径流的蓄满产流方程：

$$R = P - E - (W_m - W_0) \tag{7-3}$$

利用上式计算径流深，式中考虑了流域蒸发和降雨过程，可以提高插补年、月径流深的精度。

四、相关展延系列时必须注意的问题

1. 平行观测项数的多寡问题

平行观测项数过少，或观测时期气候条件反常，或个别年份特殊的偏高，其相关结果将歪曲两变量间本来的关系。平行观测项数越多，则相关关系越可靠，一般应在 $15 \sim 20$ 项以上。

2. 辗转相关问题

如一条河或不同的河流仅有一个测站的资料年限较长，上、下游几个站均需借助这一测站的资料进行插补延长，迫不得已时用这种辗转相关，但必须注意成果的精度，进行合理性分析。

3. 假相关问题

两组 X、Y 关系都非常微弱（接近于零），但两变量都除以 Z，则 X/Z，Y/Z 便显出某种关系——假相关。为了避免假相关，应直接就原始变量之间寻求关系。

4. 外延幅度问题

利用实测资料建立起来的相关关系，只能反映在实测资料范围内的定量关系，误差会随外延幅度加大而加大。一般外延不能超出实测资料范围太远，年径流量不超过最大值的 50%，高水位不能超过最高水位的 30%，低水位不超过最低水位的 10%。

5. 插补的项数问题

相关线反映的是平均情况下的定量关系，由相关线得到的插补值是最可能值，而实际值则可大可小。对于延长后的系列，变化幅度较实际情况小，整个系列计算的变差系数偏小，影响成果精度，所以，插补的项数以不超过实测值的项数为宜，最好不超过实测项数的一半。

第四节 缺乏实测资料的设计年径流量分析计算

在部分中小设计流域内，有时只有零星的径流观测资料，且无法延长其系列，甚至完全没有径流观测资料，则只能利用一些间接的方法，对其设计年径流量进行估算。采用这类方法的前提是设计流域所在的区域内，有水文特征值的综合分析成果，或在水文相似区内有径流系列较长的参证站资料可供利用。常用的方法有水文比拟法、参数等值线图法、经验公式法。

一、水文比拟法

水文比拟法是将气候与自然地理条件一致的参证流域的资料，移植到设计流域上的一种方法。因此，关键问题是选取恰当的参证流域。选择参证流域时，首先考虑气候条件是否一致，降雨、蒸发情况是否近似，历史上旱涝灾情是否大致相同。其次，通过流域查勘及有关地理、地质资料，还需要论证下垫面情况的相似性，流域面积不要相差太大，最好不超过15%，参证流域要有较长的实测径流资料。一般主要有以下几种情况。

1. 直接移植径流深

直接把参证流域实测年、月径流深（注：不是流量）移植到设计流域上来作为该年的来水过程。直接移植的条件：

（1）两个流域的年降雨量要基本相等。

（2）两个流域的自然地理情况要十分相近。

（3）两个流域的面积不能相差太大。

2. 考虑雨量修正

当设计流域与参证流域的自然地理情况相近，但降雨量情况有较大差别时，可通过雨量来进行修正。方法即为可根据参证流域该年的月径流分配，求得设计流域逐月径流深。

3. 移植参证流域的年降雨径流相关图

根据参证流域的降雨和径流深资料作出年降雨径流关系图，由设计流域的降雨量查图得设计流域的年径流深。其逐月径流过程可根据参证流域的月径流分配过程按年径流量同倍比缩放求得。

该方法的优点为不是简单的移用径流系数，而是移用参证流域年的降雨径流关系，消除个别资料的偶然因素影响。

4. 移植参证流域的降雨径流模型及其参数

用设计流域的逐日降雨量资料和蒸发资料作为模型的输入，通过电算，输出逐日模型的径流深，按月求和，即得设计流域的年、月径流过程。

该方法的优点为考虑了降雨的年内分配，各月的径流深是采用设计流域自己的降雨过程推求出来的；缺点为枯季月径流量大部分来自流域蓄水，只有一部分来自本月的降雨，此法求得枯季月径流量误差较大。

二、参数等值线图法

水文特征值的统计参数主要是均值和变差系数，某些水文特征值的参数在地区上有渐变规律，可以绘制参数等值线图。

1. 参数等值线图的作用

（1）利用水文特征值的频率计算成果进行合理性分析。

（2）利用参数等值线图进行插值，解决无实测水文资料问题。

2. 绘制水文特征值等值线图的依据和条件

根据影响水文特征值的两大因素，说明绘制水文特征值等值线图的依据和条件如下：

（1）气候（分区性因素），随地理坐标不同而发生变化，可在地图上作等值线图。

（2）下垫面（非分区因素），不随地理坐标变化，无法绘制等值线图。

3. 多年平均年径流深等值线图的绘制和使用

（1）绘制方法。影响流域多年平均径流量的主要因素是降水量和蒸发量，它们都具有地理分布规律。流域下垫面因素（如流域面积大小等），对多年平均径流量亦有影响，这是非分区因素。为消除此项因素的影响，将流域多年平均年径流量除以流域面积，即用径流深（mm）表示。将有资料流域的多年径流深点绘在流域面积的形心处（山区点绘在流域平均高程处）。根据许多测站的多年平均年径流深，并考虑各种自然地理因素（特别是气候、地形的特点）勾绘等值线，即可绘制多年平均径流深等值线图。

（2）使用方法。推求无实测径流资料流域的多年平均径流量。具体步骤如下：

1）在图上描绘出设计断面以上流域范围，如图 7-3 所示。

2）定出该流域的形心。当流域面积较小，流域内等值线分布均匀时，流域的多年平均年径流量可以由通过流域形心的等值线直接确定，或者根据形心附近的两条等值线按比例内插求得；当流域面积较大，或者等值线分布不均匀时，则必须用加权平均法推求。

4. 年径流量变差系数 C_v 等值线图

年径流量 C_v 值具有地理分布规律，可以用年径流量 C_v 等值线图来估算缺乏实测径流资料流域的年径流量 C_v 值，方法同前，但其精度较低。

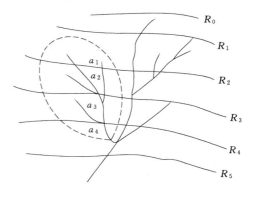

图 7-3　多年平均径流深等值线图

三、设计年径流过程计算

当设计流域缺乏实测径流资料时，广泛使用水文比拟法来推求设计年径流量的径流过程，即直接移用参证流域各种代表年的月径流量分配比，乘以设计年径流量即可得到设计年径流过程。各省（自治区、直辖市）水文手册配合参数等值线图，都按气候及地理条件作了分区，并给出了各分区的丰、平、枯典型分配过程以备查用。

第五节　日流量历时曲线

在有部分径流资料的情况下，还可以用绘制流量历时曲线的方法，满足某些工程，如小型水电站、航运和漂木等在规划设计中确定对水资源利用保证率的初步需要。在一些有径流频率分析计算成果的大中型水利水电工程中，为了专项设计任务的需要，有时也可以绘制这种曲线，作为深入分析研究的辅助手段。

在我国的小型水力发电站水文计算规范中，已将此法列为一项重要的工作内容。流量历时曲线是累积径流发生时间的曲线，表示等于或超过某一流量的时间百分数。径流统计时段，可按工程的要求选定，常采用日或旬为单位。当资料年数较多时，为简化计算，也可以按典型年或丰平枯代表年绘制流量历时曲线。当资料年数较少时，也可采用全部完整年份的流量资料绘制流量历时曲线。图 7 - 4 给出了某水文站日平均流量历时曲线的一个示例。

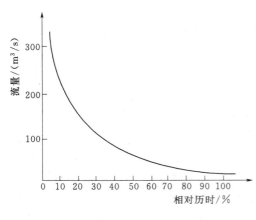

图 7 - 4　日平均流量历时曲线

如不考虑各流量出现的时刻而只研究所出现流量数值的大小，就可以很方便地由曲线上求得在该时段内等于或大于某流量数值出现的历时。

根据工程设计的不同要求，流量历时曲线可以用不同的方法绘制，并具有各种不同的时段，因而有各种不同的名称。

一、综合日流量历时曲线

根据所有各年份的实测日平均流量资料绘成的，反映流量在多年期间的历时情况，即将所有各年的日平均流量资料进行统计，曲线的纵坐标为日平均流量，横坐标为所有各年的历时日数或相对历时（占总历时的百分数），得综合流量历时曲线。该曲线能够真实地反映流量在多年期间的历时情况，是工程上主要采用的曲线。

二、典型年日流量历时曲线

典型年日流量历时曲线为根据某一年份的实测日平均流量资料绘成的。曲线的纵坐标为日平均流量或其相对值（模比系数），横坐标则为历时日数或相对历时（占全年的百分数）。在工程设计中，有时要求绘制丰水年（枯水年）的综合日流量历时曲线，即根据各丰水年（或枯水年）的实测日平均流量资料绘成的。

三、平均日流量历时曲线

平均日流量历时曲线是根据多年实测流量资料，点绘各年日流量曲线，然后在各年的历时曲线上，查出同一历时的流量，并取其平均值绘制而成的，因而是一条虚拟的曲线。由于流量取平均的结果，这条曲线的上端比综合历时曲线要低，而它的下端比综合历时曲线要高，曲线中间绝大部分（10％～90％的范围内）大致与综合历时曲线重合。

四、注意的问题

当缺乏实测径流资料时，综合或典型日流量历时曲线的绘制，可按水文比拟法来进行，即把相似流域以模比系数为纵坐标的日流量历时曲线直接移用过来，再以设计流域的多年平均流量乘纵坐标的数值，就得设计流域的日流量历时曲线。

在选择相似流域时，必须使决定历时曲线形状的气候条件和径流天然调节程度相似。天然调节程度是由一些地方因素（流域面积、湖泊率、森林率、地质和水文地质条件）决定的。对于天然调节程度大的流域，历时曲线比较平直；对于天然调节程度比较小的流域，历时曲线则比较陡峻。

第八章 水库兴利调节计算

第一节 水库的工程特性

一、水库的定义与分类

水库通常解释为在山沟或河流的狭口处建造拦河坝形成的人工湖泊。水库建成后，可起防洪、蓄水灌溉、供水、发电、养鱼等作用。有时天然湖泊也称为水库（天然水库）。水库规模通常按库容大小划分，分为小型、中型、大型等，具体划分如表 8-1 所列。

表 8-1　　　　　　　　　　　　水库按照库容大小分类表

水库类型	大（一）型	大（二）型	中型	小（一）型	小（二）型
库容/百万 m³	>1000	100~1000	10~100	1~10	0.1~1

1949 年前，全国仅有大中型水库 23 座。有防洪作用的只有松辽流域的二龙山、闹得海、丰满等水库，其他河流没有防洪水库。中华人民共和国成立后，经过近 70 多年的建设，截至 2015 年年底，全国已建成各类水库 97000 余座，水库总库容 8581 亿 m³。其中大型水库 700 余座，总库容 6812 亿 m³，占全部总库容 79.4%；中型水库 3800 余座，总库容 1068 亿 m³，占全部总库容 12.4%。

二、水库的面积与库容特性

由于河川径流具有多变性，为了兴利除害，通常利用水库对天然径流进行人工控制和调节，可以说水库是天然径流调节的工具，因此，需要了解水库的有关特性。

水库特性主要指水库的地理特性，包括面积特性和容积特性。对于水库而言，一般坝越高，库容越大，但在不同河流上，即使坝高相同，其库容也不同，这主要与库区地形有关。如库区内地形开阔、坡降较小，则库容较大，相反则库容较小。

水库的水面面积和容积是随水位变化的，且水位越高，水面面积和水库库容越大。不同水体有不同的水面面积和库容，这与径流调节紧密相关，因此必须首先了解水库水位-面积及水库水位-库容关系曲线的特性。

1. 水库的面积特性

水库水位与水面面积的关系曲线为水库的面积特性。水库的水面面积是随水库的水位而变化的，变化的情况取决于水库河谷的平面形状。从地形图上来看，某一水位高程的等高线和坝轴线所包围的面积，即为该水位的水面面积。因此，可用求积仪（或按比例尺数方格法）在地形图上（1/5000~1/50000）量得不同水位高程时的水面面积。以水位为纵坐标，面积为横坐标，绘出如图 8-1 所示的水库水位-面积关系曲线。

2. 水库的容积特性

水库的容积特性即指水库的水位与容积关系曲线。它可直接根据水库的面积曲线来推算，两相邻等高线之间的水层容积 ΔV 为

$$\Delta V = \frac{1}{2}(F_1 + F_2)\Delta Z \tag{8-1}$$

要想更精确一些，则用下式：

$$\Delta V = \frac{1}{3}(F_1 + \sqrt{F_1 F_2} + F_2)\Delta Z \tag{8-2}$$

式中：F_1、F_2 分别为相邻两等高线各自所包围的水库水面面积；ΔZ 为两等高线之间的高程差。

从水库最低点 Z_0 逐层向上累加，便可得到每一水位 Z 以下的水库总库容即 $V = \sum_{Z_0}^{Z} \Delta V$，绘制水库水位-容积曲线，如图 8-1 所示。

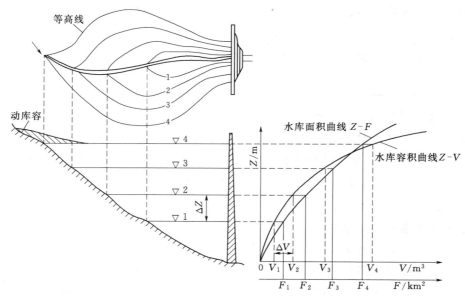

图 8-1　水库水位-面积/容积关系曲线

水库容积特性曲线可用于水库水位与蓄水量的互相推算以及计算水库渗漏损失等。

水库的面积曲线和容积曲线，在规划设计时由设计单位做出，但水库蓄水后，如发现与设计情况不符，则应对其加以校核，变化大的应重新绘制。

上述水库水面面积与水库容积的计算，都是假定水库库面是水平的，称为水库的静水特性，所得库容为静库容。实际上，库水面形成回水曲线，库尾的水位比静水位要高，相应的水库容积比静库容要大，称为动库容。计入动水影响的水库面积和容积曲线称为水库的动水特性。一般在径流调节计算中，应用水库的静水特性已能满足精度要求。但在研究水库的淹没和浸没问题以及梯级水库衔接情况时，就必须考虑回水的影响。对低坝水库的调洪计算，因回水增加的容积较大，亦须考虑回水的影响。对于多沙河流，泥沙淤积对库容影响较大，应根据实际淤积形态修正库容曲线。

三、水库的特征水位和容积

水库进行调节时，其水位和蓄水容积将随着水库的蓄泄而变化。为使水库满足兴利要求和保证工程的安全，需要有一些控制性的水库水位和相应的蓄水容积，以限定其变化范围。这些控制水位和容积就称为水库的特征水位和容积。它们各有其特定的任务和作用，同时也是水库规划设计时要选择的主要参数。

1. 死水位和死库容

死水位是指满足兴利要求的条件下，在正常运行时，允许水库消落的最低水位。死水位以下的库容积称为死库容。预留死水位、死库容是为了供泥沙淤积，保证水电站有一定的工作水头、自流灌溉必要的引水高程，以及满足航运、渔业等其他综合利用对水库水位的要求。

一般情况下，水库在供水期末，水位应降低至死水位，以充分利用水库蓄水和天然径流，而死水位以下库容，是不允许动用的，除非特殊干旱年份或其他特殊要求，如战备、地震等。但有些水库，为满足下游用水和用电需求，常强制水库泄放死库容的存水，使水库长期处于不正常的低水头运行方式，这种不合理的调度方式，不仅大大降低了水资源的利用效率，而且也损耗了发电机组。

2. 正常蓄水位和兴利库容

正常蓄水位是指水库在正常运用情况下，为满足兴利部门要求，允许充蓄并能保持的最高水位，又称为正常高水位或设计蓄水位。正常蓄水位与死水位之间的水层深度称为水库消落深度或工作深度 h_n。正常蓄水位与死水位之间的水库容积称为兴利库容或调节库容 V_n。

正常蓄水位是水库最重要的特征值，它直接关系到水工建筑物的尺寸、投资、淹没损失，以及综合利用效益等。

3. 防洪限制水位

防洪限制水位（亦称为汛限水位）是指汛期为满足防洪要求而限制水库兴利允许蓄水的上限水位。它也是设计条件下的水库防洪起调水位。它又称为汛前水位，是根据到汛前需要预腾出一定的库容以备拦蓄洪水的要求而定的。水库的防洪限制水位一般要低于正常蓄水位，以减少专门的防洪库容，可根据洪水特性和防洪要求，在汛期按不同时段如主汛期、非主汛期，或按分期设计洪水分别确定。正常蓄水位与防洪限制水位之间的水库容积，为防洪与兴利共同使用的结合库容，又称为公共库容或结合库容。

4. 防洪高水位和防洪库容

防洪高水位是指水库承担下游防洪任务，在调节下游防护对象的防洪标准洪水时，坝前达到的最高水位。防洪高水位与防洪限制水位之间的水库容积，称为防洪库容。

5. 设计洪水位和拦洪库容

设计洪水位是指水库从防洪限制水位起调，在调节大坝设计标准洪水时，坝前达到的最高水位。设计洪水位与防洪限制水位之间的库容，称为拦洪库容。

6. 校核洪水位和调洪库容

校核洪水位是指遇到大坝校核标准洪水时，坝前水库达到的最高水位，又称为非常洪水位。校核洪水位与防洪限制水位之间的水库容积，称为调洪库容。校核洪水位以下的全部水库容积便是水库的总库容。校核洪水位与死水位之间的库容为水库的有效库容。图 8-2

示出了水库的各个特征水位和相应库容。

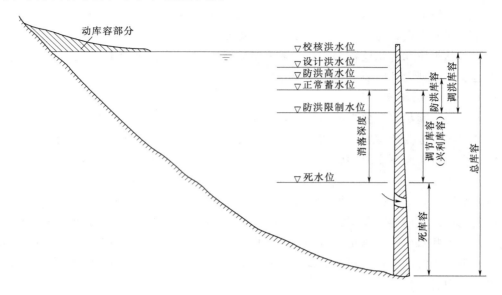

图 8-2　水库特征水位及库容示意图

在设计洪水位或校核洪水位以上，考虑风浪影响，按设计规程另加安全超高，即可定出大坝的坝顶高程。因此，水库的正常蓄水位、设计洪水位和校核洪水位，是决定水库工程规模的主要参数。这些参数的选择和论证，是规划设计的重要任务。

四、水库的水量损失

水库蓄水后，改变了河流的自然状态，从而引起额外水量损失。水库水量损失主要为蒸发损失和渗漏损失，在冰冻地区可能还有结冰损失。

1. 蒸 发 损 失

水库建成以后，库区内原来的陆地变成了水面，因而由原来的陆面蒸发变为水面蒸发，蒸发量增大。这部分增大的蒸发量就成为水库的蒸发损失，可用下式计算，即

$$\Delta W = (E_w - E_t) F \times 1000 \qquad (8-3)$$

式中：ΔW 为水库蒸发损失量，m^3；E_w 为库区水面蒸发深度，mm；E_t 为库区陆面蒸发深度，mm；F 为计算时段内水库水面面积的平均值，km^2。

水面蒸发深度可利用水库附近水文气象站的观测资料。但由蒸发皿测定的水面蒸发量数值，往往比水库大面积的水面蒸发量大，因此，在应用蒸发皿测定的数值时，应考虑修正系数。对于口径在 0.75m 左右的蒸发皿资料，应乘以修正系数 0.75~0.8，按当地的实际经验选用；对于口径大于 3m 的蒸发皿可不必修正。

由于缺乏观测资料，陆面蒸发量可从各地《水文手册》中陆面蒸发量等值线图中查得，或以坝址以上流域面积内多年平均降雨量减去多年平均径流深，来估算年陆面蒸发量。

2. 渗 漏 损 失

水库蓄水后，水位抬高，水压增大，地下水的情况也发生变化，水将会通过坝身、坝

基及库床四周向外渗漏，产生损失水量。一般坝身渗漏水量较小，而坝基和库床四周渗漏量与水文地质条件有关，因素比较复杂，目前还没有成熟的计算方法来确定渗漏损失。在水库规划设计中，通常都是根据库区的水文地质条件，选用下述一些经验方法进行估算。通常按水库平均蓄水量（年或月）的百分率计算：

优良的水文地质条件：每月漏水按 $0\sim1.0\%$ 计；

中等的水文地质条件：每月漏水按 $1\%\sim1.5\%$ 计；

较差的水文地质条件：每月漏水按 $1.5\%\sim3.0\%$ 计。

实际上水库渗漏损失在最初几年内较大，使用几年后，由于库床淤积，岩层裂隙逐渐被填塞，渗漏损失将减小。但对喀斯特溶洞发育的石灰岩地区，则另当别论。

第二节　兴利调节的作用及分类

一、兴利调节的涵义及作用

广义的径流调节是指整个流域内，人类对地表及地下径流的自然过程的一切有意识的干涉。例如，农田水利工程，包括塘堰、闸坝、河网等蓄水、拦水、引水措施，以及各种农、林措施和水土保持工程等。这些措施改变了径流形成的条件，对天然径流起一定的调节作用，有利于防洪兴利。狭义的径流调节是指河川径流在时间和地区上的重新分配，即通过建造和运用水资源工程（枢纽等），将汛期过多的河川径流量蓄存起来，待枯水期来水不足时使用；在地区上根据需要进行水量余缺调配，如引黄（河）济卫（海河支流卫河）、引滦（河）济津（天津）以及南水北调工程等。地区间的径流调配调节，其影响范围和经济意义更大，工程投资也更为可观。

径流调节通常的定义为通过水利枢纽工程，调节和改变径流的天然状态，解决供需矛盾，达到兴利除害的目的。

径流调节总体上分为两大类，即兴利调节和洪水调节。河川径流在一年之内或者在年际之间的丰枯变化都是很大的。我国河流年内汛期的水量往往要占全年来水总量的 $70\%\sim80\%$。河川径流的剧烈变化，给人类带来很多不利的后果，如汛期大洪水容易造成灾害，而枯水期水少，不能满足兴利需要。因此，无论是为了消除或减轻洪水灾害，还是为了满足兴利需要，都要求采取措施，对天然径流进行控制和调节。

为兴利而提高枯水径流的水量调节，称为兴利调节，或称为枯水调节；为削减洪峰流量，利用水库拦蓄洪水，以消除或减轻下游洪涝灾害的调节，称为洪水调节。

利用水库调节径流，是河流综合治理和水资源综合开发利用的一个重要技术措施。通过径流调节，消除或减轻洪灾和干旱灾害，更有效地利用水资源，充分发挥河流水资源在国民经济建设中的重大作用。因此，兴利调节的作用就是协调来水与用水在时间分配上和地区分布上的矛盾，以及统一协调各用水部门需求之间的矛盾。

二、兴利调节的分类

在非汛期由于来水与用水之间矛盾具体表现形式并不相同，需要作进一步的划分，以便在调节计算中掌握其特点。

1. 按调节周期长短划分

（1）日调节。在一昼夜内，河中天然流量一般几乎保持不变（只在洪水涨落时变化较大），而用户的需水要求往往变化较大。如图

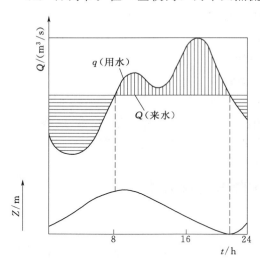

图 8-3　日调节示意图

8-3 所示，水平线 Q 表示河中天然流量过程线，曲线 q 为兴利需水流量过程线。对照来水和用水可知，在一昼夜里某些时段内来水有余（如图中横线所示），可蓄存在水库里；而在其他时段内来水不足（如图中竖线所示），水库放水补给。这种径流调节，水库中的水位涨落在一昼夜内完成一个循环，即调节周期为 24h，故称为日调节。

日调节的特点是将均匀的来水调节成变动的用水，以适应兴利用水需求。所需要的水库调节库容不大，一般小于枯水日来水量的一半。

（2）周调节。在枯水季节里，河中天然流量在一周内的变化也是很小的，而用水部门由于假日休息，用水量减少，因此，可利用水库将周内假日的多余水量蓄存起来，用于其他工作日。这种调节称为周调节，它的调节周期为一周，它所需的调节库容一般不超过一天的来水量。周调节水库一般也可进行日调节，这时水库水位除了一周内的涨落大循环外，还有日变化。

（3）年调节。在一年内，河川流量有明显的季节性变化，汛期流量很大，水量过剩，甚至可能造成洪水灾害；而枯水期流量很小，不能满足综合用水的要求。利用水库将汛期内的一部分（或全部）多余水量蓄存起来，到枯水期放出以提高供水量。这种对年内丰、枯季的径流进行重新分配的调节就称为年调节，它的调节周期为一年。

图 8-4 为年调节示意图。图上表明，只需一部分多余水量将水库蓄满（图中横线所示），其余的多余水量（斜线部分），只能由溢洪道弃掉。图中竖影线部分表示由水库放出的水量，以补充枯水季天然水量的不足，其总水量相当于水库的调节库容。

水库的兴利库容能够蓄纳设计枯水年丰水期的全部余水量时，称为完全年调节；若兴利库容相对较小，不足以蓄纳设计枯水年丰水期的全部余水量而产生弃水时，称为不完全年调节，或季调节。这是规划设计中划分水库调节性能所采用的界定。必须指出，从水库实际运行看，这种划分是相对的，完全年调节遇到比设计枯水年径流量更丰的年份，就不可能达到完全年调节。年调节水库

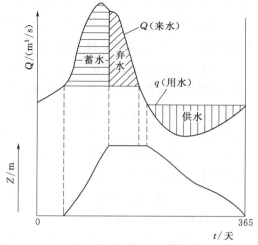

图 8-4　年调节示意图

一般都同时可进行周调节和日调节。

（4）多年调节。当水库容积大，丰水年份蓄存的多余水量，不仅用于补充年内供水，而且还可用以补充相邻枯水年份的水量不足，这种能进行年与年之间的水量重新分配的调节，称为多年调节。这时水库可能要经过几个丰水年才蓄满，所蓄水量分配在几个连续枯水年份里用掉。因此，多年调节水库的调节周期长达若干年，而且不是一个常数。多年调节水库，同时也进行年调节、周调节和日调节。

水库属何种调节类型，可用水库库容系数 β 来初步判断。水库库容系数 β 为水库调节库容 $V_{兴}$ 与多年平均径流量 W_0 的比值，即

$$\beta = \frac{V_{兴}}{W_0} \qquad (8-4)$$

具体可参照下列经验系数判断调节类型，当 $\beta > 30\% \sim 50\%$ 为多年调节；当 $3\% \sim 5\% \leqslant \beta < 20\% \sim 25\%$ 为年调节；当 $\beta < 2\% \sim 3\%$ 为日调节。

2. 按水库相对位置和调节方式划分

（1）补偿调节。水库至下游用水部门取水地点之间常见有较大的区间面积，区间入流显著而不受水库控制，为了充分利用区间来水量，水库应配合区间流量变化补充放水，尽可能使水库放水流量与区间流量的合成流量等于或接近于下游用水要求。这种视水库下游区间来水流量大小，控制水库补充放水流量的调节方式，称为补偿调节，如图8-5所示。

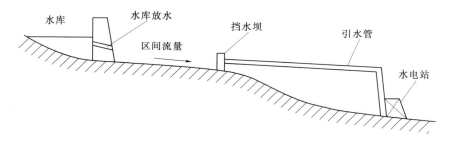

图8-5 补偿调节水库示意图

（2）梯级调节。布置在同一条河流上多座水库，其形状像是由上而下的阶梯，称为梯级水库（图8-6）。梯级水库的特点是水库之间存在着水量的直接联系（对水电站来说有时还有水头的影响，称为水力联系），上级水库的调节直接影响到下游各级水库的调节。在进行下级水库的调节计算时，必须考虑到流入该级水库的来水量是由上级水库调节和用水后而下泄的水量与上下两级水库间的区间来水量两部分组成。梯级调节计算一般自上而

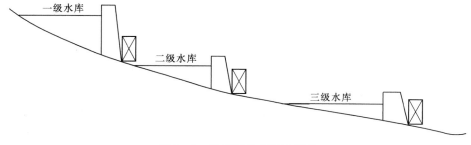

图8-6 梯级调节水库示意图

下逐级进行。当上级调节性能好，下级水库调节性能差时，可考虑上级水库对下级水库进行补偿调节，以提高梯级总的调节水量。对梯级水库进行的径流调节，简称梯级调节。

（3）径流电力补偿调节。位于不同河流上但属同一电力系统联合供电的水电站群，可以根据它们所在流域的水文特性及各自的调节性能差别，通过电力联系来进行相互之间的径流补偿调节，以提高水库群总的水力发电效益。这种通过电力联系的补偿调节就称为径流电力补偿调节。

（4）反调节。为了缓解上游水库进行径流调节时给下游用水部门带来的不良影响，在下游适当地点修建水库对上游水库的下泄流量过程进行重新调节，称为反调节，又称再调节。河流综合利用中，经常出现上游水库为水力发电进行日调节造成下泄流量和下游水位的剧烈变化而对下游航运带来不利影响；水电站年内发电用水过程与下游灌溉用水的季节性变化不一致，修建反调节水库有助于缓解上述矛盾。

第三节　兴利调节原理

一、兴利调节计算基本原理

兴利调节计算的基本原理是水库的水量平衡，即将整个调节周期划分为若干个计算期（一般取月或旬），然后按时历顺序进行逐时段的水库水量平衡计算。某一计算时段 Δt 内水库水量平衡方程式可由下式表示，即

$$\Delta W_1 - \Delta W_2 = \Delta V \tag{8-5}$$

式中：ΔW_1 为时段 Δt 内的入库水量，m^3；ΔW_2 为时段 Δt 内的出库水量，m^3；ΔV 为时段 Δt 内水库蓄水容积的增减值，m^3。

当用时段平均流量表示时，则上式可改写为

$$Q_I - Q_P = \Delta V / \Delta t = Q_V$$

或

$$\Delta V = (Q_I - Q_P) \Delta t \tag{8-6}$$

式中：Q_I 为天然入库流量，m^3/s；Q_P 为调节流量，即用水流量，m^3/s；Q_V 为取用或存入水库的平均流量，简称"水库流量"，m^3/s。

上述水库水量平衡公式属最简单的情况。当考虑水库的水量损失，出库水量为几个部门所分用以及当水库已蓄满将产生弃水时，则可进一步表达为

$$Q_I = \sum Q_L - (Q_{P1} + Q_{P2} + \cdots) - Q_S = \Delta V / \Delta t \tag{8-7}$$

式中：$\sum Q_L$ 为水库水量损失，包括蒸发和渗漏等损失；Q_{P1}，Q_{P2}，$\cdots$ 为各部门分用的调节流量；Q_S 为水库弃水流量，即通过泄水建筑物弃泄的流量。

二、兴利调节周期中水库运用情况分析

兴利调节周期是指水库从死水位开始蓄水，达到正常蓄水位后又消落到死水位的历时。不同调节性能的水库具有不同的调节周期，如日调节水库的调节周期为一日（24h），年调节水库的调节周期为一年。

必须注意到由于水库来水流量过程 $Q-t$ 与供水流量过程 $q-t$ 配合情况不同，调节周期中水库的蓄水、供水过程有不同的组合。比如说，调节周期中可能只有一次连续蓄水过程和一次供水过程，也可能出现多次蓄水、供水的变化过程。必须分析调节周期水库的运

用情况，以便正确确定水库的兴利库容。

1. 水库一次运用

水库在调节周期内只有一次连续蓄水、供水的情况，称为水库一次运用，如图8-7所示。图中 W_1 为余水量，W_2 为缺水量，且 $W_1 \geqslant W_2$，此时所需的水库兴利库容 $V_兴 = W_2$。

2. 水库二次运用

当水库在一个调节周期内连续供水、蓄水有二次时，称为水库二次运用，如图8-8所示。假设第一次运用余水量为 W_1，缺水量为 W_2，第二次运用余水量为 W_3，缺水量为 W_4，此时调节库容的确定可分为下列几种情况：

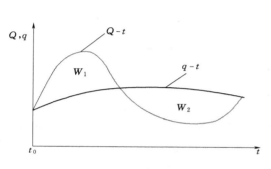

图8-7　水库一次运用示意图　　　　图8-8　水库二次运用示意图

当 $W_1 > W_2$、$W_3 > _4$ 时，表明两次运用之间无水量联系，此时水库兴利库容 $V_兴 = \max \{W_2, W_4\}$。

当 $W_3 < W_2$、$W_3 < W_4$ 时，表明两次运用之间有水量联系，此时水库兴利库容 $V_兴 = W_2 + W_4 - W_3$。

当 $W_2 < W_3 < W_4$ 时，表明两次运用之间有水量联系，此时水库兴利库容 $V_兴 = W_4$。

3. 水库多次运用

水库多次运用情况更为复杂，兴利库容的确定难以通过图形表达，可根据二次运用原理以此类推确定水库兴利库容，如图8-9所示。

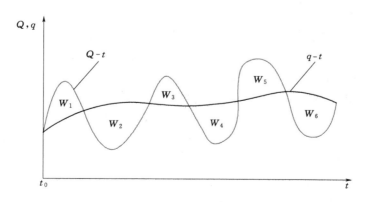

图8-9　水库多次运用示意图

如前所述，兴利调节的任务就是借助水库的调节作用，按用水要求重新分配河川天然径流。调节计算主要是研究天然来水、各部门的用水与水库库容三者之间的关系。调节计算的实质是进行来水和用水的对照和平衡：当来水大于用水时，水库蓄水；当来水小于用水时，水库供水。

从分析水库水量平衡式可以看出，兴利调节计算的任务可概括为如下三类：

（1）根据用水部门的要求，求所需兴利库容。

（2）根据已定的兴利库容，求所能提供的保证调节流量。

（3）分析天然来水、各部门用水与兴利库容三者之间的关系，或分析保证率、调节流量与兴利库容三者之间的关系。

三、兴利调节计算方法

兴利调节计算的方法，根据所应用的河川径流特性可分为两大类。第一类是利用径流的时历特性进行计算的方法，称为时历法；第二类是利用径流的统计（频率）特性进行计算的方法，称为数理统计法。

时历法采用按时序排列的实测径流系列作为入库径流过程进行水库径流调节计算，其特点是利用已出现的径流过程的时序特性反映未来的径流变化。时历法又分为列表法和模拟计算法，列表法是直接利用过去观测到的径流资料（即流量过程），以列表形式进行计算的方法；模拟计算法则是在电子计算机上进行模拟运行的调节计算法。在水库兴利调节计算实践中，广泛地采用时历法进行调节计算，能够给出调节后的利用流量、水库存蓄水量、弃水量以及水库水位等因素随时序的变化过程，因此它具有简易直观，便于考虑较复杂的用水过程和计入水量的损失等优点。

数理统计法多用于多年调节计算，计算的结果直接以调节水量、水库存水量、多余和不足水量的频率曲线的形式表示出来。

第四节　水库兴利调节计算

一、水库兴利调节的列表法

当用水即调节流量为已知时，通过来水与用水的对照，就容易看出什么时候缺水，水库需供水；什么时候有余水，水库可蓄水。定出水库的供蓄水期后，应用水量平衡原理就不难求得所需的水库调节库容即兴利库容。列表法调节计算能够比较严格、细致地考虑需水和水量损失随着时间的变化，它是一种水库兴利调节计算最常用的方法。

应用列表法进行水库兴利调节计算时，又可根据入库径流资料分为长系列法和代表期法。其中，长系列法是对每一年实测径流资料（年调节不少于 20~30 年，多年调节不少于 30 年）算出所需的兴利库容，然后按由小到大排序，并绘制兴利库容频率曲线，根据设计保证率即可在该频率曲线上确定水库兴利库容。代表期法是利用已选定的代表期内的入库径流进行调节计算确定兴利库容。

下面从不考虑和考虑水库水量损失两个方面，介绍调节周期为一年的年调节水库列表法兴利调节计算。

1. 不计水库水量损失

年调节计算一般不采用通常的从 1 月 1 日到 12 月 31 日的日历年度，而是采用水文年度（又称为水利年度），即以水库蓄水期库空开始计算，供水期结束水库放空为终点。

【例 8-1】 已有某年的径流资料，要获得均匀的调节流量 $Q_p = 200\text{m}^3/\text{s}$，求所需的调节库容。

解： 列表计算过程见表 8-2。计算步骤如下：

表 8-2　　　　　年调节水库调节库容计算表（不计水量损失）

时段 Δt	天然流量 Q_I	调节流量 Q_p	流量差额 $Q_I - Q_p$		水量差额 $\Delta V = (Q_I - Q_p)\Delta t$		水库存水量 V		弃水量 ΔW_s	备注
			余水（+）	缺水（-）	余水（+）	缺水（-）				
月份	m^3/s	m^3/s	m^3/s	m^3/s	10^6m^3	10^6m^3	$(\text{m}^3/\text{s})\cdot\text{月}$	10^6m^3	10^6m^3	
(1)	(2)	(3)	(4)	(5)	(6)	(7)	(8)	(9)	(10)	(11)
5	263	200	63		166		0	0		蓄水期
6	763	200	563		1480		63	166	176	
7	928	200	728		1910		559	1470	1910	弃水期
8	732	200	532		1400		559	1470	1400	
9	465	200	265		696		559	1470	696	
10	241	200	41		108		559	1470	108	
11	272	200	$\dfrac{72}{\sum 2264}$		$\dfrac{189}{\sum 5949}$		559	1470	$\dfrac{189}{\sum 4479}$	
12	126	200		74		195	485	1275		供水期
1	90	200		110		289	375	986		
2	79.8	200		120.2		316	254.8	670		
3	75.6	200		124.4		327	130.4	344		
4	69.6	200		$\dfrac{130.4}{\sum 559}$		$\dfrac{343}{\sum 1470}$	0	0		

（1）计算时段取"月"。将已有的某年径流资料列入表中（1）、（2）栏，按调节年度，即本年 5 月到次年 4 月顺序列入。

（2）将要获得的调节流量列入表中（3）栏。表中各月调节流量相等，均为 $Q_p = 200\text{m}^3/\text{s}$。

（3）对照表中（2）、（3）栏，计算各月来水、用水流量差额 $(Q_I - Q_p)$，差额为"+"时，表示有余水，列入表中（4）栏；为"-"时，表示缺水，列入表中（5）栏。

（4）计算与流量差额相应的水量差额。公式为 $\Delta V = (Q_I - Q_p)\Delta t$。$\Delta t$ 为 1 个月的秒数，各月有所不同，可取平均值，按 30.4 天计，故 $\Delta t = 30.4 \times 24 \times 3600 = 2.63 \times 10^6$（s）。因此，表示水量差额的（6）、（7）两栏，便是（4）、（5）两栏流量差额与 $\Delta t（2.63 \times 10^6）$

的乘积。

（5）将（6）栏中连续出现余水月份的余水量累加得总余水量。表中连续有余水的月份为 5—11 月，中间无间断，总余水量 $W_1 = 5949 \times 10^6 \, \text{m}^3$。将（7）栏中连续缺水月份的缺水量累加，得 $W_2 = 1470 \times 10^6 \, \text{m}^3$。

（6）推算水库存水量和弃水量变化过程。表中（9）栏水库存水量 $V(10^6 \text{m}^3)$ 的推算办法如下：

首先，找出水库供水和蓄水的起讫时刻。本例题中只有一次连续供水，供水期从 12 月初（即 11 月末）开始（当时水库是蓄满的），到 4 月末（水库放空）结束。因此，可以从库空的 4 月末（$V=0$）开始蓄水算起，也可以从 12 月初库满（$V=1470 \times 10^6 \text{m}^3$）开始供水算起。将 $V_n = 1470$ 填入（9）栏的 12 月初即 11 月末那一行。将 $V=0$ 填入 4 月末（即 5 月初）那一行。其次，本月末水库存水量 V_a 是本月初（即上月末）的水库存水量 V_b 加上本月蓄水量或减去本月供水量的结果，即

$$V_a = V_b \pm \Delta V$$

从开始供水的 12 月算起。12 月水库供水 $195 \times 10^6 \, \text{m}^3$，所以，12 月末水库存水量为 $(1470 - 195) \times 10^6 = 1275 \times 10^6 (\text{m}^3)$。1 月末水库存水量为 $(1275 - 289) \times 10^6 = 986 \times 10^6 (\text{m}^3)$。一直算到 4 月末，水库存水量应为 0，否则计算有误。

蓄水期自 5 月开始。5 月初（即 4 月末）水库存水量为 0，5 月末水库存水量为 $V = 0 + \Delta V = 166 \times 10^6 (\text{m}^3)$。6 月又余水 $1480 \times 10^6 \text{m}^3$，月初已有存水量 $166 \times 10^6 \text{m}^3$，如都蓄起来将超过水库的调蓄库容（1480 + 166 > 1470），故水库存水量只能是库满 $1470 \times 10^6 \text{m}^3$，该月实际蓄水 $\Delta V = (1470 - 166) = 1304 \times 10^6 (\text{m}^3)$，产生的弃水量为 $\Delta W_3 = (1480 - 1304) \times 10^6 = 176 \times 10^6 (\text{m}^3)$。7—11 月，因水库已蓄满，保持不变，因而余水量均为弃水量。即当水库已蓄满时，$\Delta V = \Delta W_s$。将各月弃水量填入表中（10）栏，累加得 $W_s = 4479 \times 10^6 \text{m}^3$，说明计算无误。

表中（8）栏是以 $[(\text{m}^3/\text{s}) \cdot \text{月}]$ 为单位的水库存水量。当用 $[(\text{m}^3/\text{s}) \cdot \text{月}]$ 时，可省略（6）、（7）栏，直接根据（4）、（5）栏来确定调节库容，$V_n = 559 [(\text{m}^3/\text{s}) \cdot \text{月}] = 559 \times 2.63 \times 10^6 = 1470 \times 10^6 (\text{m}^3)$，并推算（8）栏的以 $[(\text{m}^3/\text{s}) \cdot \text{月}]$ 为单位的水库存水量。（8）栏均乘以 2.63×10^6 即得（9）栏的以 "10^6m^3" 为单位的数值。年调节过程图如图 8-10 所示。

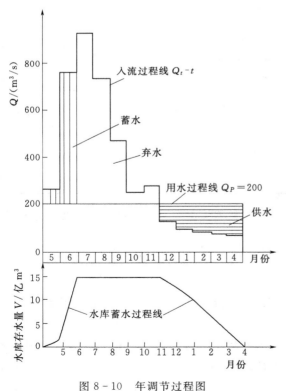

图 8-10　年调节过程图

2. 计入水库水量损失

由上述表 8-2 计算所得的水库容积是初步的，因为在计算中没有考虑水库的水量损失。当水量损失相对较大或计算精度要求较高时，应在调节库容中计入水量损失值。

由于水库中的蒸发损失和渗漏损失等与水库的水面面积和蓄水容积有关，而水库的调节库容和蓄水量又受损失水量值的影响。因此，要采用逐步试算法来求解。试算的过程如下：先进行不计入损失的计算，求得初步的水库容积和蓄水量变化，接着计算损失水量，然后确定计算损失量后的水库调节库容和蓄水量的变化过程。如要求更高的计算精度，可继续按新的水库容积和蓄水量过程再重新计算损失水量，并重复上述过程，直到所得的结果满意为止。

二、水库兴利调节的等流量法

具有一定调节库容的水库，能将枯水期径流提高到什么程度，也是水资源开发利用中经常遇到的问题。例如在多方案比较时，常需推求各方案在供水期能获得的可用水量（即调节流量），进而分析每个方案的效益，为方案比较提供依据。在这种情况下，由于已知的是兴利库容，调节流量是待求值，故不能直接通过来水、用水之间的对照判明水库的供水期和蓄水期。可以先假定若干个调节流量方案，对每个方案按上述方法求出各自所需的兴利库容，并点绘成 $Q_{调}$ 与 $V_{兴}$ 的关系曲线，根据给定的兴利库容 $V_{兴}$，即可在该曲线上确定所求的调节流量 $Q_{调}$。

对于年调节水库，若把整个调节周期只划分成两个计算时段即蓄水期和供水期，并假定在蓄水期各时段具有相同的调节流量，在供水期各时段具有相同的调节流量，这种通过水量平衡进行各时段相同流量兴利调节计算的方法称为等流量法。

由水库水量平衡原理可知，当不计水量损失时，供水期水库能提供的调节水量是由两部分组成：一部分是该时期内的天然来水量，另一部分是全部兴利库容补充的水量，可用公式表示为

$$W_d + V_n = W_p = Q_p T_d \tag{8-8}$$

则供水期调节流量 Q_p 为

$$Q_p = \frac{W_d + V_n}{T_d} \tag{8-9}$$

式中：W_d 为供水期的天然来水量，m^3；V_n 为兴利库容，m^3；T_d 为供水期时间，s。

蓄水期应在该时期内将水库蓄满，以补供水期天然来水之不足。所以，蓄水期的调节水量应是蓄水期的天然来水量减去调节库容后的水量，则蓄水期调节流量 Q_f 计算公式为

$$Q_f = \frac{W_f - V_n}{T_f} \tag{8-10}$$

式中：W_f 为蓄水期的天然来水量，m^3；T_f 为蓄水期时间，s。

应用等流量法进行水库兴利调节计算的关键是判断水库的供水期与蓄水期。

【例 8-2】 根据某江多年径流资料，多年平均流量为 $510 m^3/s$，设计枯水年的月入库流量见表 8-3，拟定水库的兴利库容为 $20 \times 10^8 m^3$。应用等流量法试求设计枯水年供水期和蓄水期的调节流量。

表 8-3				设计枯水年的月入库流量资料							单位：m³/s	
月份	5	6	7	8	9	10	11	12	1	2	3	4	年平均
流量	263	763	928	732	465	241	272	126	90	79.8	75.6	69.6	342

解： 计算可按下列步骤进行：

（1）判断水库的调节类型。由于只有年调节水库的兴利库容为当年蓄满并在当年供水期用完。该水库的库容系数 β 为

$$\beta = \frac{V_n}{W_0} = \frac{20 \times 10^8}{510 \times 31.5 \times 10^6} = 0.125$$

由 β 值可看出该水库属年调节类型。

（2）已知 $V_n = 20 \times 10^8 \text{m}^3$，但尚不知供水期，可任意假定，待求得调节流量后，再通过来水、用水对照，判别其是否正确。因从 10 月开始水量就较枯，先假定供水期为 10 月至次年 4 月（共 7 个月），即 $T_d = 7$，则 10 月至次年 4 月的天然来水量为

$$W_d = \sum_{i=1}^{T_d} Q_i \Delta t = 241 + 272 + 126 + 90 + 79.8 + 75.6 + 69.6 = 954 [(\text{m}^3/\text{s}) \cdot \text{月}]$$

则调节流量为

$$Q_p = \frac{W_d + \dfrac{V_n}{2.63 \times 10^6}}{T_d} = \frac{954 + \dfrac{20 \times 10^8}{2.63 \times 10^6}}{7} = 245 (\text{m}^3/\text{s})$$

将求得的供水期 $Q_p = 245 \text{m}^3/\text{s}$ 与表 8-3 中 10 月至次年 4 月的天然流量对照，可以看出：12 月至次年 4 月属供水期，因为 $Q_l < Q_p$；5 月的 $Q_l > Q_p$，故 4 月是供水结束月；10 月的天然流量 241 m^3/s 比 Q_p 小 4 m^3/s，应属于水库供水期，但 11 月却有多余流量 272 - 245 = 27 m^3/s，故水库为两次运用情况，而且是 $W_2(4) < W_3(27) < W_4$ 的情况，调节库容由 W_4 决定，也就是说，供水期应为 12 月至次年 4 月。

（3）确定供水期后，再计算流量 Q_p。$T_d = 5$（12 月至次年 4 月），计算 Q_p：

$$W_d = \sum_{i=1}^{T_d} Q_i \Delta t = 126 + 90 + 79.8 + 75.6 + 69.6 = 441 [(\text{m}^3/\text{s}) \cdot \text{月}]$$

则得

$$Q_p = \frac{441 + 761}{5} = 240 (\text{m}^3/\text{s})$$

与 Q_l 对照便知，供水期确实为 12 月至次年 4 月。$Q_p = 240 \text{m}^3/\text{s}$，即为供水期调节流量。

（4）试算蓄水期的可用流量 Q_f。已知水库调节库容 $V_n = 20 \times 10^8 \text{m}^3 = 761 [(\text{m}^3/\text{s}) \cdot \text{月}]$，丰水季水量比它大得多，因此，在假定蓄水期时，可看出流量集中的那几个月。例如，假定蓄水期为 6—9 月，$T_f = 4$，得

$$W_f = \sum_{i=1}^{T_d} Q_i \Delta t = 763 + 928 + 732 + 465 = 2888 [(\text{m}^3/\text{s}) \cdot \text{月}]$$

则得蓄水期可用流量为

$$Q_f = \frac{W_f - \dfrac{V_n}{2.63 \times 10^6}}{T_f} = \frac{2888 - 761}{4} = 532 (\text{m}^3/\text{s})$$

把 $Q_f=532\mathrm{m^3/s}$ 与天然流量对照，可看出 9 月不属于蓄水期，因为 $Q_l<Q_f$。重新假定蓄水期为 6—8 月，$T_f=3$，得

$$W_f=\sum_{i=1}^{T_d}Q_i\Delta t=763+928+732=2423[(\mathrm{m^3/s})\cdot 月]$$

则蓄水期可用流量为

$$Q_f=\frac{2423-761}{3}=554(\mathrm{m^3/s})$$

因为 6—8 月的 $Q_l>Q_f$，确实属于蓄水期，即蓄水期调节流量为 $554\mathrm{m^3/s}$。

（5）求得供水期 5 个月 $Q_p=240\mathrm{m^3/s}$ 和蓄水期 3 个月 $Q_f=554\mathrm{m^3/s}$ 后，其余的月份，因为天然流量介于两者之间，即 $Q_p<Q_l<Q_f$，属不供不蓄期，利用流量等于天然流量。计算结果可列成表 8-4。

表 8-4　　　　　　　　　　　　　设计枯水年可用流量表　　　　　　　　　　　单位：$\mathrm{m^3/s}$

月　份	5	6	7	8	9	10	11	12	1	2	3	4
天然流量	263	763	928	732	465	241	272	126	90.0	79.8	75.6	69.6
调节后流量	263	554	554	554	465	241	272	240	240	240	240	240

上述计算未考虑水库蓄水期引用流量受设备过水能力的限制，故又称为可用流量。若受水电站最大过水能力 Q_T 的限制，则 Q_f 不应超过 Q_T 值，并有弃水。当考虑水库的水量损失时，应从上述调节流量中扣除，得实际有效的调节流量值。

水库运用过程即为水库水位、出库流量和弃水等的时历过程，在此基础上可计算水库供水的保证率。在既定兴利库容下，水库运用过程与其操作方式有关，水库操作方式可分为等流量调节和等出力调节两种方式。等出力调节将在水电站水能计算中再作详细介绍。

已知水库兴利库容和用水，按等流量调节时，可逐时段进行水量平衡，推求水库运用过程。显然，对于水库既定兴利库容，入库径流不同，水库运用过程亦不相同。以年调节水库为例，遇特枯年份，蓄水期水库兴利库容可能蓄不满，供水期来水更少，库水位将很快消落到死水位，以后的时段只能靠天然径流供水，若天然径流小于用水需求，则正常工作遭到破坏。丰水年份，水库可能提前蓄满并有弃水产生，供水期库水位不必降到死水位便可保证兴利部门的正常用水。因此，对长系列水文资料进行调节计算，即可统计出用水部门正常工作的保证程度。而对于设计代表期（设计代表日、年、系列）进行计算，可得出相应来水条件下水库的运用过程。

三、设计保证率、调节库容与调节流量的关系

根据初定的水库调节库容 V_n，用等流量法计算径流系列各年供水期的调节流量，按其大小次序排列，便可作出调节流量保证率曲线 Q_p-P。如果改变 V_n 值，则通过同样的计算方法，求得全系列每年的调节流量，作出另一条 Q_p-P 线。因此，以 V_n 为参数（不同的常数），可作出如图 8-11 所示的一簇调节流量保证率曲线。

该曲线图综合了调节库容 V_n、调节流量 Q_p 和保证率 P 三者之间的关系。V_n、Q_p 和 P 三者之间的一般关系是：当调节库容一定时，提高保证率，则调节流量的保证值减小；当调节流量一定时，提高保证率，则意味着要增加水库的调节库容；当保证率一定时，加

大调节库容，则可增大调节流量的保证值。

当规划设计水库时，通常是先选定水库的设计保证率。因此，调节计算的任务或成果便是求符合设计保证率要求的调节库容和调节流量之间的关系，以供多方案比较时应用。

详细计算时，设计保证率 P_0 条件下的 $V_n - Q_p$ 关系线，可通过假定不同的 V_n 值，对长系列水文资料进行调节计算，作出如图 8-11 所示的关系曲线，然后根据选定的 P_0，查得每个 V_n 相应的 Q_p 值，点绘出如图 8-12 所示的一定 P_0 下的 $V_n - Q_p$ 线。

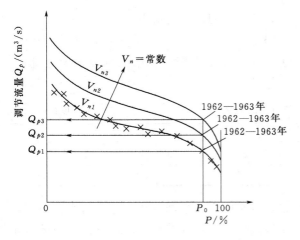
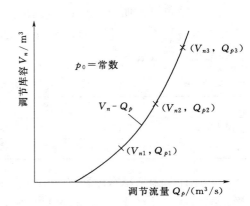

图 8-11　以 V_n 为参数的 $Q_p - P$ 曲线　　　图 8-12　设计保证率条件下的 $V_n - Q_p$ 曲线

第九章　水电站水能计算

第一节　水能利用原理及开发利用方式

水能作为一种可再生能源，有着清洁无污染的特点，一直受到世界各国的高度重视。20 世纪 30—70 年代是发达国家水电建设的高峰期，目前发达国家的水能资源已基本得到开发，而我国正在进入水电建设的高峰时期。我国水能资源丰富，截至 2016 年年底，我国电力装机容量达到 16.5 亿 kW，其中水电装机容量达到 3.3 亿 kW，继续稳居世界第一。

一、水能利用原理

天然河流中蕴藏着水能，它在水流流动过程中以克服摩阻、冲刷河床、挟带泥沙等形式分散地消耗掉。水力发电就是利用这白白消耗掉的水能来产生电能。如图 9-1 表示的任一河段，取上断面 1-1 和下断面 2-2，它们之间的距离，即河段长度为 $L(\text{m})$，坡降为 i。

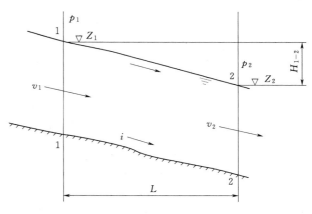

图 9-1　河段潜在水能计算示意图

假定在 $T(\text{s})$ 时段内有 $W(\text{m}^3)$ 的水量流过两断面，则按伯努利方程，两断面水流能量之差即为该河段的潜在水能，即水体 W 在 L 河段所具有的能量为

$$E_{1-2}=E_1-E_2$$

$$=\gamma W\left(Z_1+\frac{p_1}{\gamma}+\frac{\alpha_1 v_1^2}{2g}\right)-\gamma W\left(Z_2+\frac{p_2}{\gamma}+\frac{\alpha_2 v_2^2}{2g}\right)$$

$$=\gamma W\left(Z_1-Z_2+\frac{p_1-p_2}{\gamma}+\frac{\alpha_1 v_1^2-\alpha_2 v_2^2}{2g}\right)\approx\gamma W H_{1-2} \qquad (9-1)$$

式中：γ 为水的容重，$\gamma=1000\times9.81\text{N/m}^3$；$p_1$、$p_2$ 分别为断面 1-1 和断面 2-2 对应的大气压强，可认为相等；$\frac{\alpha_1 v_1^2}{2g}$、$\frac{\alpha_2 v_2^2}{2g}$ 分别为流速水头或动能，其差值也相对微小，可忽略不计；H_{1-2} 为两断面的水位差，即称为落差或水头。

式（9-1）表明，构成河流水能资源的两个基本要素是河中水量 W 和河段落差 H_{1-2}。河中通过的水量越大，河段的坡降越陡，蕴藏的水能就越大。能量 E_{1-2} 的单位是 N·m，与功的单位一致，表示 T 时段内流过水量 W 所做的功。单位时间内的做功能力叫功率，工程上常称为出力或容量，用 N（或 P）表示，则该河段的平均出力为

$$N_{1-2}=\frac{E_{1-2}}{T}=\gamma\frac{W}{T}H_{1-2}=\gamma QH_{1-2}\quad(\text{N·m/s}) \tag{9-2}$$

式中，$Q=W/T$ 表示时段 T 内的平均流量，以 m^3/s 计。

在电力工业中，习惯用 kW 或 MW 作出力单位，因 $1\text{kW}=1000\text{N·m/s}$，故式（9-2）可表示为

$$N_{1-2}=9.81QH_{1-2}\quad(\text{kW}) \tag{9-3}$$

能量常称电量，以 kW·h（或称度）为单位，于是

$$E_{1-2}=9.81QH_{1-2}\left(\frac{T}{3600}\right)=0.0027WH_{1-2}\quad(\text{kW·h}) \tag{9-4}$$

式（9-3）和式（9-4）便是计算水流出力和电量的基本公式。

由式（9-3）和式（9-4）算出的天然水流出力和电量，是水电站可用的输入水能，而水电站的输出电力是指发电机定子端线送出的出力和发电量。水电站从天然水能到生产电能的过程中，不可避免地会引起各种损失。首先，水电站在集中河段落差时有沿程落差损失 ΔH，在水流经过引水建筑物及水电站各种附属设备（如拦污栅、阀门等）时又有局部水头损失 $\sum h$，所以水电站所能有效利用的净水头为 $H=H_{1-2}-\Delta H-\sum h$。其次，在水库、水工建筑物、水电站厂房等处尚有蒸发、渗漏、弃水等水量损失，这些损失记为 $\sum\Delta Q$，因此水电站所能有效利用的净发电流量 $Q=Q_{毛}-\sum\Delta Q$。此外，水电站把水能转化为电能时还有功率损失，用水轮机效率 η_T 和发电机效率 η_G 来表示，则水电站的发电效率 $\eta=\eta_T\eta_G$。因此，水电站的实际出力和发电量计算公式为

$$\text{N}=9.81\eta\text{QH}\quad(\text{kW}) \tag{9-5}$$

$$E=0.0027\eta WH\quad(\text{kW·h}) \tag{9-6}$$

水电站的效率因水轮机和发电机的类型和参数而不同，且随其工况而改变。初步计算时机组尚未选定，常假定效率为常数，并令 $k=9.81\eta$，可得水电站出力的简化计算公式为

$$N=kQH\quad(\text{kW}) \tag{9-7}$$

式中：k 为出力系数，其值凭经验或参照同类型已建电站的资料拟定。

一般对大型水电站（$N>300\text{MW}$），取 $k=8.5$；对中型水电站（$N=50\sim300\text{MW}$），取 $k=8.0\sim8.5$；对小型水电站（$N<50\text{MW}$），取 $k=7.5\sim8.0$。待机组选定时，再合理分析计算出 η 值，并作出修正。

二、水能资源开发利用方式

如前所述，河中水量（或流量）和河段落差（水面高程差）是河流水能的两个基本要素。要开发利用一个河段蕴藏的水能，首先要把沿河分散的落差集中起来，形成可供利用的水头。其次，由于河川径流变化较大，需要采取人工措施（如修建水库）调节流量。所以，开发利用水能的方式就表现为集中落差和引用流量的方式，但集中落差是首要的。下面根据开发河段的水文、地质、地形等不同条件，讲述集中落差的几种基本方式。

1. 坝式开发

在河流上修建拦河坝或闸，坝前壅水，在坝址处形成集中落差。这种水能开发方式称

为坝式开发。用坝集中水头的水电站称为坝式水电站，如图 9-2 所示。

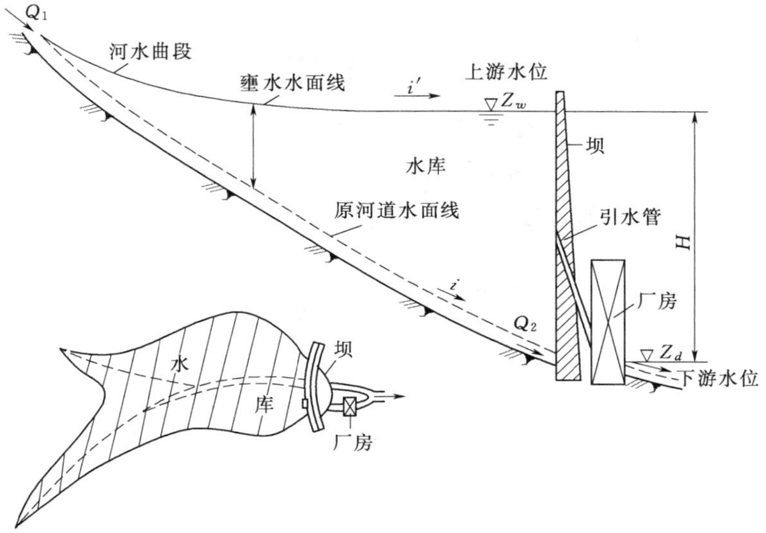

图 9-2　坝式水电站示意图

坝式水电站的水头取决于坝高，显然坝越高，水电站的水头也越大。但坝高常常受地形、地质、水库淹没、生态环境、工程投资等条件的限制，所以，坝式水电站的水头相对较小（与其他开发方式相比）。坝式水电站按照集中落差的大小和水电站厂房布置的特点又可分为坝后式水电站和河床式水电站两种型式。

水头较高的坝式水电站，其厂房布置在坝的下游，不挡水，故称坝后式水电站。坝后式水电站一般特点是水头较高，厂房本身不承受上游水压，与挡水坝分开。图 9-2 所示的水电站是典型的坝后式水电站。我国已建成很多大、中型坝后式水电站，如龙羊峡（$H_{max} = 148.5m$，装机容量 $N_{in} = 1280MW$）、安康（88m，850MW）、东江（139m，500MW）、丹江口（81.5m，900MW）等水电站。

在平原河段上，有时因地形、地质及淹没损失等条件不允许建高坝，此时可建低坝或闸坝式水电站。由于水头不高，通常将厂房和坝或闸一起建在河床中，成为挡水建筑物的一个组成部分，厂房本身能承受上游水压力，起挡水作用，故称河床式水电站，如图 9-3 所示。我国已建成不少河床式水电站，如甘肃八盘峡（19.5m，180MW）、广西西津（21.7m，23.440MW）、广西大化（39.7m，450MW）等水电站；长江葛洲坝（27m，2715MW）是一个巨型河床式水电站，年均发电量达 157 亿 kW·h。

坝式开发的优点是建坝形成水库，可用以调节流量，故坝式水电站引用流量大，电站规模也大，水能利用较充分；坝式水电站因有水库，综合利用效益高，可同时解决防洪和其他兴利部门的水利问题。

坝式开发的不足之处在于，由于坝的工程量较大，尤其是形成水库会带来淹没、破坏生态环境等问题，造成库区土地、森林、矿产等的淹没损失和城镇居民搬迁安置工作的困难，要花费大量的淹没损失费、移民安置费等，所以，坝式水电站一般投资较大、工期较长、单价较贵。

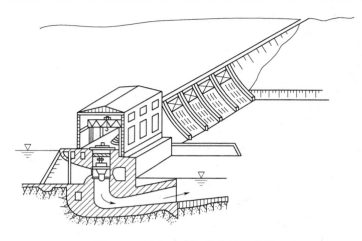

图 9-3 河床式水电站布置示意图

坝式开发适用于河道坡降较缓、流量较大、有筑坝建库条件的河段。

2. 引水式开发

在河流坡降较陡的山区河段上游，筑一低坝（或无坝）取水，通过修建的引水道（明渠、隧洞、管道等）引水至河段下游附近集中落差，再经压力管道引水至水轮机发电，这种开发方式称为引水式开发，如图 9-4 所示。用引水道集中水头的水电站称为引水（道）式水电站。按引水建筑物中水流流态的不同，引水式水电站又可分为无压引水式水电站和有压引水式水电站两种。

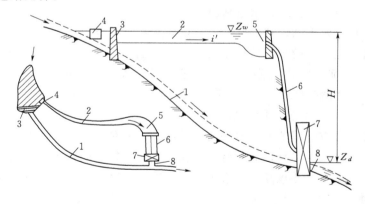

图 9-4 无压引水式水电站
1—原河道；2—明渠；3—取水坝；4—进水口；5—前池；
6—压力管道；7—水电站厂房；8—尾水渠

采用无压引水建筑物（如明渠、无压隧洞），用明流的方式引水以集中落差的水电站称为无压引水式水电站，如图 9-4 所示。这种引水（道）式开发是依靠引水道的坡降 i'（或流速）小于原河道的坡降 i（或流速），因而随着引水道的增长，逐渐集中水头。显然，引水道的坡降越小，引水道越长，集中的水头也越大。当然，引水道的坡降不宜太小，否则引水流速过小，引取一定流量时就要求很大的过水断面，从而造成引水道造价的不经济。无压引水式水电站一般水头较小、规模不大，如我国北京模式口（31m，6MW）、陕西程家川（20.4m，7.5MW）等无压引水式水电站。

采用有压引水建筑物（如压力隧洞、压力水管），用压力流的方式引水以集中落差的水电站称为有压引水式水电站。当压力引水道很长时，为了减小其中的水击压力和改善机组运行条件，还需在靠近厂房处修建调压室，如图9-5所示。这种型式的水电站可以集中很高的水头，如我国云南以礼河第三级盐水沟（620m，144 MW）和第四级小江（628m，144MW）水电站。我国西藏雅鲁藏布江大河弯（河弯直线距离35km），用截弯取直引水式可集中水头达2350m。

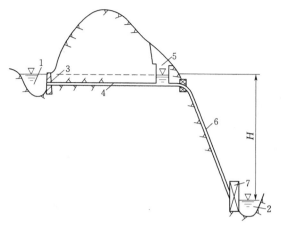

图9-5 有压引水式水电站
1—河道上游；2—河道下游；3—进水口；4—有压隧洞；
5—调压室；6—压力管道；7—水电站厂房

与坝式相比，引水式水电站的水头相对较高，引用流量较小；由于无水库调节流量，水量利用率和综合利用价值均较低；电站规模相对较小。然而，因无水库淹没损失，工程量又较小，所以单位造价往往较低等，这是引水式的显著优点。

引水式开发适用于河道坡降较陡、流量较小的山区性河段。尤其是适用于有下列天然地形条件的河段：

（1）有瀑布或连续急滩的河段，用不长的引水道可获得较大水头。

（2）在河道有大弯段的颈部，可用截弯取直引水方式，获得相当的水头。

（3）当相邻河流高差很大而又相隔不远时，可在两河相距最近处采取跨河引水方式，获得较大水头。如云南以礼河与金沙江两河高差1350m，最近处相距12km，已建跨流域开发的以礼河梯级水电站。

3. 混合式开发

在一个河段上，同时用坝和有压引水道结合起来共同集中落差的开发方式，称为混合式开发。坝集中一部分落差后，再通过有压引水道（隧洞）集中坝下河段的另一部分落差，形成电站总水头。这种开发方式的水电站称为混合式水电站，其布置如图9-6所示（建有地下厂房）。

混合式开发因有水库，可调节流量，它兼有坝式开发和引水式开发的优点，但必须具备合适的条件。一般来说，河段上游有筑坝建库的条件，下游具备引水式开发的地形条件，宜用混合式开发。如四川狮子滩（71.5m，48MW）、毛尖山（135.2m，25MW）、鲁布格（372m，600MW）、浙江湖南镇（117m，170MW）等水电站都属混合式水电站。福建古田溪水电站，坝集中水头50m，再打一条长1.9km的隧洞，用截弯取直引水方式又集中9km长河湾的78m落差，得到水电站总水头128m。

4. 潮汐式开发

利用潮汐水能发电是水能开发利用的另一类型式。地球和月亮、太阳之间有规律的运动，造成相对位置周期性的变化，它们之间的引力，使海水涨落形成了潮汐能。在沿海地

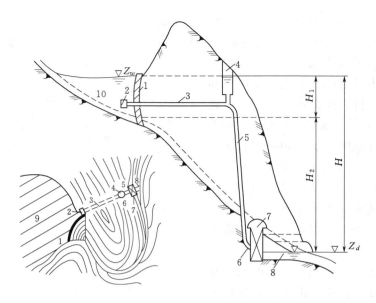

图 9－6　混合式水电站

1—坝；2—进水口；3—隧洞；4—调压井；5、6—压力管道；
7—地下厂房；8—尾水洞；9—水库

区，海水涨落形成的潮汐能，可建潮汐式水电站加以开发利用。潮汐能是一种丰富的海洋水能资源，全世界可开发利用的潮汐电能约 108 亿 kW·h，大约相当于 32 亿 t 标准煤所含的能量。我国海岸线长达 14000 多 km，可能开发的潮汐能有 3500 多万 kW，年发电量可达 800 多亿 kW·h。一般，潮汐的涨落每昼夜两次，我国古代称昼间的海水涨落为潮，夜间的涨落为汐。每日潮汐的涨落幅度并不相同，在阴历朔望之后日潮差最大，在上弦和下弦之后潮差最小，这是潮汐的月周期。在一年内的春分点与秋分点，潮差为全年中的最大值，夏至与冬至点潮差最小，此为潮汐的年周期。我国沿海平均潮差分布的趋势是东海较大，渤海、黄海次之，南海较小，一般为 1～5m。如浙江钱塘江口潮差达 5～6m。世界已有记录的潮差最大达 15m（加拿大东海岸）；远东海岸最大潮差在朝鲜半岛的仁川港，达 9.88m。

潮汐能开发利用方式有多种，现以常见的单水池双向式潮汐水电站为例，说明其布置方式和工作原理，如图 9－7（a）所示，在海湾的入口处修筑堤坝，将海水和海湾隔开，并设水闸和潮汐电站。当涨潮时，海面潮位高于湾内水位，这时可引海水入湾发电；退潮时，海面潮位下降，低于海湾内水位，这时可引湾中的水入海发电。海潮每昼夜涨落两次，因此，类似调节水库的海湾每昼夜充水和放水也是两次。潮汐式电站的最大特点是水头很低，但引用流量可以很大。

潮汐水电站的工作过程如图 9－7（b）所示。涨潮时，从 t_0 时刻起，关闭水闸不发电，湾内水位维持不变，海面水位不断上涨；当到 t_1 时刻，海和湾内水位差达到一定数值 H 时，即可引海水入湾发电，同时湾内水位也随着上升；到 t_2 时刻，开始退潮。落差减小已不能发电，这时开启闸门进水，使湾内水位迅速上升；到 t_3 时刻，海面与海湾内水位齐平，此时关闭闸门，保持湾内水位不变，而潮位继续在退落；到 t_4 时刻，湾内水位与海

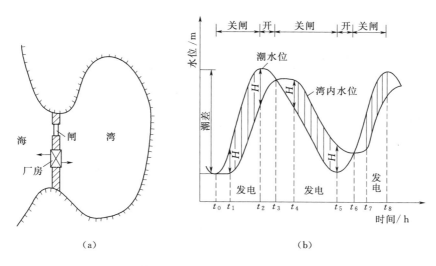

图 9-7　单水池双向式潮汐水电站

(a) 枢纽布置示意图；(b) 工作过程图

面落差达 H，即可引湾水入海发电，同时湾内水位下降；到 t_5 时刻，海湾水位继续下降，海面开始涨潮，落差不够，停止发电并打开水闸，使湾内水位速降；到 t_6 时刻，湾内水位与海面潮位齐平，随即关闭水闸。到 t_7 时刻，有了落差 H，又可继续发电。以后将重复上述过程。

我国已建成一些小型潮汐电站，如浙江江夏潮汐电站，装机容量 3000kW，年发电量 1000 万 kW·h。法国已建成的朗斯潮汐电站，装有 24 台可逆式贯流机组，总装机 240MW，年发电量 5 亿 kW·h。目前，世界上有许多国家，如法国、英国、加拿大、苏联、印度、日本、韩国等已建成或计划修建大型和巨型潮汐电站。如法国规划中的蒙圣密歇潮汐电站，装机 12000MW（300×40MW），年发电量 250 亿 kW·h；加拿大建成芬地湾潮汐电站，装机 1150MW（37×31MW），年发电量 34.32 亿 kW·h 等。

5. 抽水蓄能式

抽水蓄能式开发是水能开发利用的一种特殊形式，其目的不是为了开发水能资源向电力系统提供更多电量，而是以水体为蓄能介质，充分发挥水力发电运行灵活等优势，起调节电能，改善电力系统运行条件的作用。

抽水蓄能电站在电力系统工作时，能够顶尖峰、填低谷，并有调峰、调相、旋转备用、紧急事故备用等方面的功能，尤其是它具有负荷速度快的特点，对改善电网的经济性和稳定性起了很大作用，在现代电网中占有不可替代的位置。

抽水蓄能式电站必须有高低两个水池（或水库），与有压引水建筑物相连，蓄能电站厂房位于下水池处，如图 9-8 所示。当夜间用电负荷低落、系统内火电站等出力有多余时，该电站就吸收系统低谷的剩余电量，带动水泵，将低水池中的水抽送到高水池，以水的势能形式贮存起来（抽水蓄能过程）；等到系统高峰负荷时，将高水池中的水放入低池，推动水轮机发电（放水发电过程）。显然，由于能量转换经过了电能到水能再到电能的往复过程，存在电能损失。所以，抽水蓄能电站消耗的系统电能 E_1 大于它所发出的电能

105

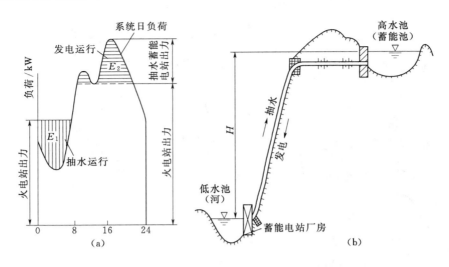

图 9-8 抽水蓄能式电站示意图
(a) 在日负荷图上的状态；(b) 电站布置示意图

E_2，其总效率（即 E_2 与 E_1 的比值）是比较低的，一般为 0.6～0.7。抽水蓄能电站消耗的电能大于所发出的电能，因为它消耗的是系统多余的低价电能，提供的却是电力系统急需的峰荷高价电能，两者的作用和价值很不相同。一般国外的峰荷电价比基荷电价贵 2～4 倍，我国也初步形成电力市场，厂网分开、竞价上网，已开始采用峰谷或分时电价，所以当系统缺乏调峰、调相、事故备用容量等时，修建抽水蓄能电站是很有利的，不但可以提高电力系统的可靠性，改善供电质量，而且还能获取巨大的经济效益。抽水蓄能电站有许多作用，其中对系统起调峰填谷的双重作用最为重要。

抽水蓄能电站根据利用水量的情况可分为两大类：一类是纯抽水蓄能电站，它是利用一定的水量，在上、下池（库）之间循环进行抽水和发电；另一类是混合式抽水蓄能电站，它是利用河流上常规水电站水库作低库，另建高库，在电站厂房内装有水泵水轮机组（可逆式）和常规的水轮发电机组，既可进行水流的能量转换，又能利用天然径流发电，可以调节发电和抽水的比例以增加发电量。

我国上世纪 90 年代抽水蓄能电站才开始大力发展。截至 2014 年年底，我国已建成 24 座抽水蓄能电站，总装机容量达到 21810MW，占水电总装机比重约 7.2%。

第二节　水电站设计保证率及设计典型年的选择

一、水电站设计保证率的含义

前面已介绍了河川径流的年际变化，各年的年径流量都不相同。可将水文系列各年的年径流量按大小顺序排列，做出年径流量的经验频率曲线，即年径流量的保证率曲线。由曲线可以看出，年径流量值越小，其保证率越高；年径流量越大，其保证率越小。若在特殊枯水年份也要保证用电部门的正常供电，则需修建相当大的水库，这在技术上和经济上都显然是不合理的。为此，一般并不要求在将来全部运行时期内都能保证正常用电，而是可以允许一定程度的断电或减少用电。这就需要根据各用电部门的特性和允许减少供电的范围，定出在多年工作期间用电部门正常用电应得到保证的程度，以百分数计，即所谓正常用电保证率。此值应在水电站设计时综合确定，故称为水电站设计正常供电保证率，简称为水电站设计保证率。

二、水电站设计保证率的确定

1. 水电站设计保证率的表示方法

水电站设计保证率有不同的表示形式。一种是按照正常工作相对历时计算的"历时保证率"。即以长期运行期间正常工作的历时（日、旬或月）占运行总历时的百分比来表示：

$$P = \frac{正常工作历时（日、旬或月）}{运行总历时（日、旬或月）} \tag{9-8}$$

另一种是按照正常工作相对年数计算的"年保证率"。即以长期运行期间正常工作年数占运行总年数的百分比来表示：

$$P' = \frac{正常工作年数}{运行总年数} \times 100\% = \frac{运行总年数 - 允许破坏年数}{运行总年数} \times 100\% \tag{9-9}$$

水电站设计保证率通常采用历时保证率或年保证率，具体采用哪种形式需视水库调节性能而定。对年调节和多年调节的水电站，一般用年保证率；对径流式和其他不进行径流调节的水电站，其工作多是按日计数，则采用历时保证率。

历时保证率和年保证率可用式（9-10）换算，即

$$P = 1 - \frac{1 - P'}{\mu} \tag{9-10}$$

式中：μ 为破坏年份的相对破坏历时，可近似地按枯水年份的供水期持续时间与全年时间的比值来确定。

2. 水电站设计保证率的确定

水电站设计保证率是水电站规划设计的重要依据之一，其选择是一个复杂的技术经济问题。若水电站设计保证率选得过低，则正常工作遭受破坏的几率增加，破坏所引起的国民经济损失及其他不良后果加重；相反，设计保证率选得过高，虽可减轻破坏损失，但工程投资和其他费用就要增加。所以，水电站设计保证率理应通过技术经济比较分析，并考虑其他影响来选择。但是，由于破坏损失及其他后果涉及许多因素，情况复杂，难以确定，不易用数字来准确表达，故至今还未形成一个完整而实用的方法。目前，水电站设计保证率主要根据生产实践积累的经验，通过一般分析，并参照规程推荐的数字来选用。

选择水电站的设计保证率时，要分析水电站所在电力系统的用户组成和负荷特性，电力系统中的水、火电站比重，河川径流特性及水库的调节性能，以及保证系统用电可能采取其他备用措施等。一般地说，水电站的装机规模越大、系统中水电所占比重越大、系统重要用户越多、河川径流变化越剧烈、水库调节性能越好，水电站的设计保证率就应大些。根据 NB/T 35061—2015《水电工程动能设计规范》水电站的设计保证率宜按 85%～95%选取，水电比重大的系统选取较高值，比重小的系统选取较低值。

三、设计典型年的选择

在水电站规划设计过程中，要进行多方案的大量水能计算。根据长系列水文资料计

算，可获得较精确的结果。在实际工作中常采用简化方法，即从水文资料中选择若干典型年份或代表期进行计算，其成果的精度一般能满足规划设计的要求。

1. 按年水量选择设计典型年

对无调节、日调节或年调节水电站，通常根据年水量保证率曲线，按已定的设计保证率，选择有代表性的丰水年、平水年、枯水年三个典型年。选择时应考虑年水量和不利的年内分配。若径流年内分配特性不同，则对调节计算成果影响很大。因此，这种方法只有在径流年内分配与年水量之间有比较密切的关系时才较为适用。

2. 按枯水季水量选择设计枯水年

对年调节水电站，要满足设计保证率的要求，关键在于设计枯水年。以设计枯水年水量最小的时段为供水期，只要供水期的水量能符合设计保证率（年保证率）的要求，则这一年即为设计枯水年。选择方法，即根据水文系列径流资料及用水要求，划分各年一致的供水期（如每年12月至次年4月），计算各年供水期的天然来水量，将各年供水期水量按大小次序排列，可绘制出供水期水量保证率曲线（$W_d - P$），由已定的设计保证率即可在曲线上查出供水期水量保证值及与它相应的年份，即为所选的设计枯水年。

3. 按调节流量选择设计枯水年

由于径流年内丰、枯季在时间的分布上不稳定，各年供水期的起讫时间不一致，要取统一的固定时间并不合适。因此，可根据初定的水库调节库容，用等流量法计算逐年供水期的调节流量，做出调节流量的保证率曲线（$Q_p - P$），然后按已定的设计保证率定出调节流量保证值及与它相应的年份，便可选得设计枯水年。这样选得的设计枯水年，综合考虑了来水与水库调节的影响，使所选的设计枯水年计算成果精度较高，但工作量大。

在梯级水电站的设计中，典型年的选择应以梯级中最大的起控制作用的水电站为准，其他电站则按此典型年设计。

第三节　水电站保证出力和多年平均发电量的计算

一、水电站保证出力的计算

水电站保证出力 N_{fm} 是指水电站在长期工作中，供水期所能发出的符合水电站设计保证率要求的平均出力。N_{fm} 在规划阶段是确定水电站装机容量的重要依据，也是水电站运行阶段的一项重要指标。

1. 年调节水电站保证出力计算

对年调节水电站而言，在一个调节年度内，供水期调节流量最小，平均出力也最小。因此，年调节水电站某年能否保证正常工作，一般取决于供水期的平均出力。所以，年调节水电站的 N_{fm} 应是符合设计保证率要求的供水期的平均出力，与 N_{fm} 相应的供水期发电量称为保证电量 E_{fm}。

计算保证出力是在水库正常蓄水位和死水位已定的情况下进行的。比较精确的方法是用全部水文资料（n 年），按等流量调节或等出力调节法进行长系列的水能计算，求得各年供水期的平均出力 $\overline{N}_d$，然后将 n 个出力 $\overline{N}_d$ 值按大小次序排列，绘制出供水期平均出力保证率曲线，如图 9-9 所示。于是由确定的水电站设计保证率 P_0（年保证率）便可在图上求出该水电站的保证出力 N_{fm}。

在规划设计阶段进行大量方案比较时，为简化计算，也可将设计枯水年的供水期平均出力作为水电站的保证出力 N_{fm}。即对设计枯水年来水过程，按照等流量或等出力进行调节计算，统计供水期平均出力，将该值作为年调节水电站保证出力。

年调节水电站供水期平均出力的计算通常有等流量调节和等出力调节两种方法。

（1）等流量调节法。已知水电站水库的正常蓄水位和死水位（即已知调节库容），按等流量调节，计算水电站的出力和发电量。这种水能计算比较简单，只要在已知库容求调节流量的径流调节计算的基础上，增加水头和出力的计算项目即可。

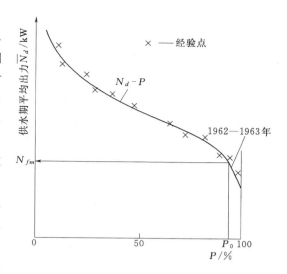

图 9 - 9　供水期平均出力保证率曲线

现用实例来说明等流量调节法计算水电站供水期平均出力的计算方法。

【例 9 - 1】　已知某年调节水电站水库的正常蓄水位 $Z_{正}=760m$，死水位 $Z_{死}=720m$，用等流量调节法计算水电站供水期平均出力。

计算所需的资料主要有水库水位与容积关系曲线（表 9 - 1）、水电站下游水位流量关系曲线（表 9 - 2）、入库径流资料［如表 9 - 3 第（2）栏］及机组效率、蒸发、渗漏损失、综合利用其他部门的用水要求、水头损失等有关资料。本例不计水量损失；机组效率取常数，$k=8.2$；无其他用水要求；水头损失初步假定为定值 $\Delta H=1.0m$。

表 9 - 1　　　　　　　　　　　　水库水位与容积关系曲线

库水位 Z/m	630	650	670	700	710	720	730	740	750	760	770
库容 $V/亿 m^3$	0	0.2	1.0	4.2	5.9	7.9	10.5	13.4	17.0	21.4	26.7

表 9 - 2　　　　　　　　　　　　水电站下游水位流量关系曲线

库水位 Z/m	625.0	625.5	626.0	626.5	627.0	627.5
流量 $Q/(m^3/s)$	97	153	226	317	421	538
库水位 Z（m）	628.0	628.5	629.0	629.5	630.0	635.0
流量 Q（m^3/s）	670	806	950	1090	1230	2620

解：

计算过程列于表 9 - 3。计算步骤如下：

第一步：调节库容的计算。

由 $Z_{正}=760m$ 和 $Z_{死}=720m$ 查库容曲线，得 $V_{760}=21.4$ 亿 m^3 和 $V_{720}=7.9$ 亿 m^3，则调节库容 $V_n=V_{760}-V_{720}=21.4-7.9=13.5$（亿 m^3）。

第二步：供水期及调节流量的确定。

根据表 9－3 中第（2）栏的流量资料和 $V_n=13.5$ 亿 m³$=513[$（m³/s）·月$]$，用供水期调节流量公式可算得供水期 12 月至次年 4 月共 5 个月的调节流量为

$$Q_p = \frac{\sum\limits_{i=1}^{T_d} Q_i + V_n}{T_d} = \frac{457+513}{5} = 194 \text{（m}^3\text{/s）}$$

表 9－3　　　等流量调节法计算水电站供水期平均出力表（水头损失 $\Delta H=1.0$m）

月份 Δt	天然流量 Q_l /(m³/s)	水电站引用流量 Q /(m³/s)	水库蓄水（＋）或供水（－）		弃水流量 Q_s /(m³/s)	时段初、末水库存水量 V /10⁸m³	时段平均水库存水量 $\overline{V}$ /10⁸m³	上游平均水位 $\overline{Z}_u$ /m	下游水位 Z_d /m	平均水头 $\overline{H}$ /m	水电站出力 $N=8.2QH$ /MW
			流量 Q_v /(m³/s)	水量 ΔV /10⁸m³							
(1)	(2)	(3)	(4)	(5)	(6)	(7)	(8)	(9)	(10)	(11)	(12)
5	259	259	0	0		7.90	7.90	720.0	626.2	92.8	197
6	751	584	167	4.40		7.90	10.10	729.0	627.7	100.3	480
7	792	584	208	5.45		12.30	15.03	744.5	627.7	115.8	554
8	721	584	$\dfrac{138}{\sum 513}$	$\dfrac{3.65}{\sum 13.50}$		17.75	19.58	755.5	627.7	126.8	606
9	458	458	0	0		21.40	21.40	760.0	627.0	132.0	497
10	340	340	0	0		21.40	21.40	760.0	626.7	132.3	369
11	268	268	0	0		21.40	21.40	760.0	626.0	133.0	292
12	147	194	−47	−1.24		21.40	20.78	758.0	625.8	131.2	209
1	87	194	−107	−2.83		20.16	18.75	753.8	625.8	127.0	202
2	79	194	−115	−3.03		17.33	15.82	746.7	625.8	119.9	191
3	75	194	−119	−3.10		14.30	12.75	737.6	625.8	110.8	176
4	69	194	$\dfrac{-125}{-\sum 513}$	$\dfrac{-3.30}{-\sum 13.50}$		11.20 7.90	9.55	727.0	625.8	100.2	$\dfrac{159}{\sum 3932}$

将 Q_p 值列入表 9－3 中第（3）栏（12—4 月）。同样，用蓄水期调节流量计算公式可得蓄水期 6—8 月的引用流量为

$$Q_f = \frac{\sum\limits_{i=1}^{T_f} Q_i - V_n}{T_f} = \frac{2264-513}{3} = 584 \text{（m}^3\text{/s）}$$

将 Q_f 值列入表 10－3 中第（3）栏（6—8 月）。其余月份为不蓄不供期，按天然流量工作。于是得出第（3）栏的水电站引用流量。

第三步：顺时序计算水库蓄水量变化。

对照第（2）、（3）栏，推求水库蓄水量变化，其中栏（4）＝栏（2）－栏（3），栏（5）＝栏（4）×2.63×10⁶，负值表示水库供水，正值表示水库蓄水。

第（7）栏为时段初、末库存水量，分别用 V_b 和 V_e 表示。可从供水或蓄水起讫时刻开始，按下式推算：

$$V_e = V_b \pm \Delta V$$

式中，蓄水期时段末蓄水量增加，取"＋"，供水期减少，取"－"。顺时序推算时，本时段末即为下一个时段初。供水期开始时刻或蓄水期结束时刻，水库蓄满；供水期结束时刻或蓄水期开始时刻水库放空，不供不蓄期，时段初、末库存水量不变，这些均可用以校验计算是否有误。表中第（7）栏数字错半格写即表示时段初、末之意。

第四步：发电水头的计算。

上述计算步骤属径流调节计算，现开始发电水头的计算。为计算上游平均水位，需要知道水库平均蓄水量。为此，列出第（8）栏，时段平均库存水量 $\overline{V}$，计算公式为

$$\overline{V} = \frac{1}{2}(V_b + V_e)$$

或

$$V = V_b + \frac{\Delta V}{2}$$

表 9-3 中 5 月不蓄不供，$\overline{V} = 7.9$ 亿 m³，6 月 $\overline{V} = \frac{1}{2}(7.9 + 12.30) = 10.10$（亿 m³），或 $\overline{V} = 7.9 + \frac{1}{2} \times 4.4 = 10.10$（亿 m³）；其余类推。由第（8）栏的 $\overline{V}$，查库容曲线，便得第（9）栏的上游平均水位 $\overline{Z}_u$。第（10）栏下游水位 $\overline{Z}_d$ 可根据水电站下泄流量（有弃水时包括弃水流量）查下游水位流量关系线得出。因为水头损失 $\Delta H = 1.0\text{m}$ 是个常数，可不在表中列出。于是第（11）栏水电站平均水头 $\overline{H} = \overline{Z}_u - \overline{Z}_d - \Delta H$，由第（9）、（10）两栏的差值减去 1.0m 得出。

第五步：计算水电站出力和发电量。

第（12）栏月平均出力 $N = 8.2QH$（kW），由第（3）、（11）两栏数值相乘再乘上系数 8.2 得出。至于发电量可不必逐月的计算，故在表中未列出。根据式（9-6），全年发电量 $E = \sum N \times \Delta t = 393.2 \times 10^4 \times 730 = 28.7$（亿 kW·h）。计算时段 Δt 为 1 个月，按 30.4 天算，即 30.4×24≈730h。又如要计算供水期的发电量，则供水期 5 个月出力之和为 937MW，相应的发电量为 $937 \times 10^3 \times 730 = 6.84$（亿 kW·h）。供水期平均出力则为 $\frac{1}{5} \times 937 = 187.4\text{MW}$，即该水电站供水期平均出力为 187.4MW。

如果要进行长系列水能计算，只需每年列一张表，按表 9-4 计算过程，逐年进行计算。

表 9-3 中第（6）栏弃水流量一项是空的，原因是本算例未考虑水电站机组最大过水能力的限制。初步水能计算时，装机大小尚待选定，往往暂时不考虑机组过水能力的限制；这种不考虑装机限制的调节计算，有时称为"按无限装机调节"，也就是"无弃水调节"，由此求得的出力常称为"水电站水流出力"。

（2）等出力调节法。对于水电站来说，实际上并不要求供水期各月流量相等，而是希

望出力相等或接近。等出力法在每一时段进行计算，不像等流量操作那么简单，因为只知道时段初蓄水位、本时段来水以及所假设的供水期平均出力还不够，还需知道本时段平均发电流量和平均水头，而时段平均发电流量直接影响着时段末水库蓄水量，因此与平均水头密切相关，所以需要试算。已知正常蓄水位和死水位，等出力调节方法包含着两步试算：①各时段出力等于预先假定值；②供水期末的最低水位为死水位，其计算框图见图 9 - 10。

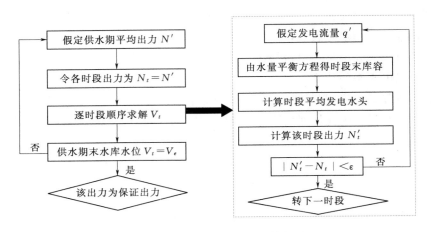

图 9 - 10　等出力调节法试算框图

首先假定一个等出力值，从已知的水库正常蓄水位 $Z_正$ 开始，进行已知出力的水能正算，求得相应的供水期末水库的消落水位。若此消落水位高于（或低于）已知的死水位 $Z_死$ 值，则表示库容中的蓄水没有用完（或不足），假定的等出力值偏小（或大），要重新假定即加大（或减小）等出力值再算，直到供水期末水库消落水位符合已知的 $Z_死$ 时为止，此时的出力即为所求。对于某一特定的来水过程，双重试算的计算步骤如下：

第一步：假定供水期的平均出力 N'。

第二步：各时段出力为 $N_t = N'$。

第三步：从供水期初 $V_0 = V_兴 + V_死$ 开始，逐时段顺算求解 V_t，单时段（第 t 时段）试算步骤如下：①假定发电流量 q'；②根据水量平衡求出 $V_t = V_{t-1} + (Q_t + q')\Delta t$；③由 $\overline{V} = \dfrac{V_t + V_{t-1}}{2}$ 查库容曲线得 $Z_{上,t}$，由 q' 查下游水位流量关系曲线得 $Z_{下,t}$；④计算 $N'_t = K q_t (Z_{上,t} - Z_{下,t} - \Delta H)$；⑤若 $|N'_t - N_t| < \varepsilon$，转下时段，否则令 $q' \Longleftarrow q' - (N'_t - N_t)/K/(Z_{上,t} Z_{下,t}, -\Delta H)$，转步骤②。

第四步：在整个供水期计算结束后，求供水期末的最低水位 $V_{\min} = \min\limits_{t \in T_供}\{V_t\}$。

第五步：若 $|V_{\min} - V_死| < \varepsilon$，计算结束，输出供水期平均出力，否则令 $N' \Longleftarrow N' + K \times \dfrac{V_{\min} - V_死}{T_供}(\overline{Z}_上 - Z_下)$，转步骤第二步。

其中：$T_供$ 为供水期的时段数；$\overline{Z}_上$ 为供水期平均库水位，由 $\left(\dfrac{1}{2}V_兴 + V_死\right)$ 查库容曲线确定；$Z_下$ 为供水期发电尾水位，由 $\dfrac{V_兴 + W_供}{T_供}$ 查尾水位流量关系曲线确定。

下面举例说明等出力调节法计算水电站供水期平均出力计算方法。

【例 9 - 2】　仍以〔例 9 - 1〕的资料为例，已知正常蓄水位 $Z_正＝760m$，死水位 $Z_死＝720m$，试用等出力调节法求供水期平均出力。

解：根据图 9 - 10 试算框图，最终计算成果列于表 9 - 4。

表 9 - 4　　　　　　　　　供水期等出力调节法计算表（$\Delta H＝1.0m$）

月份 Δt	已知出力 N /MW	天然流量 Q_l /(m³/s)	水电站引用流量 Q /(m³/s)	水库蓄水（+）或供水（−）		月初、月末水库存水量 V /10⁸ m³	月平均水库存水量 $\overline{V}$ /10⁸ m³	月平均上游水位 $\overline{Z}_u$ /m	下游水位 Z_d /m	月平均水头 H /m	校核出力 $N＝8.2Q\overline{H}$ /MW
				流量 Q_V /(m³/s)	水量 ΔV /10⁸ m³						
(1)	(2)	(3)	(4)	(5)	(6)	(7)	(8)	(9)	(10)	(11)	(12)
12	189	147	174	−27	−0.71	21.40 21.05 20.69	21.05	758.9	625.6	132.3	189
1	189	87	179	−92	−2.42	18.27	19.48	755.3	625.6	128.7	189
2	189	79	189	−110	−2.90	16.82 15.37	16.82	749.0	625.6	122.3	189
3	189	75	202	−127	−3.34	13.70 12.03	13.70	740.6	625.6	113.8	189
4	189	69	226	−157	−4.13	9.97 7.90	9.97	728.8	625.6	101.9	189

计算从假定供水期平均出力开始。为使假定有所依据，可用简化方法估算供水期平均出力。供水期平均引用流量即是调节流量 194m³/s。平均水头可这样估算：供水期水库调节库容从库满到库空，故平均蓄水容积为

$$\frac{1}{2}(V_正＋V_死)＝V_死＋\frac{1}{2}V_n＝7.9＋\frac{1}{2}\times13.5＝14.65（亿 m³）$$

查库容曲线得供水期上游平均水位 $\overline{Z}_u＝743.5m$；再由 $Q_p＝194m³/s$ 查得下游平均水位 $\overline{Z}_d＝625.8m$；则供水期平均水头 $\overline{H}＝743.5－625.8－1.0＝116.7$（m），于是估算的供水期平均出力 $\overline{N}＝8.2\times194\times116.7＝186$（MW）。曾假定表 9 - 4 中第（2）栏的 N 值为 186、187 等，计算到供水期末 4 月水库没有放到死库容。经过多次试算，最后得符合已知正常蓄水位 $Z_正$ 和死水位 $Z_死$，并按等出力调节的供水期平均出力值为 189MW。

现比较一下供水期平均出力值：按等出力调节时为 189MW，按等流量调节时为 187.4MW。它们的差别主要是由于调节方式不同，而影响到平均水头，由于水电站总水头不大，故供水期平均出力值差别不大。若为中、低水头的水库，可能差别会增大。所以，水头较高的水电站进行初步水能计算时，常用等流量调节，甚至用简化计算法来求供水期平均出力。这样，不但计算工作量甚少，而且有一定的精度。

如〔例 9 - 1〕中，水电站供水期为 12 月至次年 4 月，其平均出力值为 187.4MW。也可用简化方法来计算，若设计枯水年供水期的调节流量为 Q_p，应用供水期平均蓄水（$V_死＋1/2V_兴$）查水位库容关系曲线，得到供水期平均库水位，减去相应于 Q_p 的尾水位及水头损失，得到供水期平均水头，再由下式计算电站的保证出力

$$N_{fm}＝\overline{N}_d＝kQ_p H （kW）\tag{9-11}$$

用上述方法求得 N_{fm} 后，则供水期水电站的保证电量 E_{fm} 为

$$E_{fm}＝N_{fm}T_d （kW·h）\tag{9-12}$$

2. 无调节和日调节水电站保证出力的计算

无调节和日调节水电站的出力随日天然流量的变化而变化，故这种电站又称为径流式水电站。因此，无调节和日调节水电站的保证出力，应为符合设计保证率（历时保证率）的日平均出力。无调节和日调节水电站的保证出力计算通常有两类计算方法，一类为先进行水能计算，然后再进行频率计算分析，即先计算后排频；另一类为先进行流量频率计算分析，然后再进行水能计算，即先排频后计算。前者计算原理与年调节水电站的 N_{fm} 相似，可用历年的水文系列，取日为计算时段，算出各日平均出力值，然后按其大小次序排列，绘制保证率曲线，相应于设计保证率的日平均出力，即为所求的保证出力，如图 9-11 所示。后者先选择相应设计保证率的设计枯水日，该日的平均流量与相应的日平均水头，以及出力系数的乘积为保证出力，如图 9-12 所示。

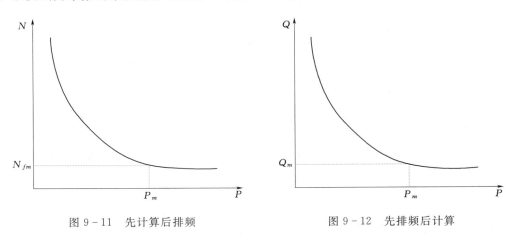

图 9-11　先计算后排频　　　　　图 9-12　先排频后计算

计算发电水头时，下游水位由日平均下泄流量从下游水位流量关系曲线中查得。对于无调节水电站，上游水位为已知的正常蓄水位，日调节水电站在进行调节时，上游水位在正常蓄水位和死水位之间有小幅变化，因此通常取死库容与兴利库容的平均库容查库容曲线得出水位作为其上游水位。无调节和日调节水电站保证电量为 $E_{fm}=N_{fm}\times 24$（kW·h）。

3. 多年调节水电站保证出力计算

多年调节水电站，水库的调节周期不定，可长达数年。所以，多年调节水电站的设计代表期应取为由若干个连续枯水年份组成的枯水段，符合设计保证率要求的那一个枯水段的平均出力即为其保证出力。

当用时历法进行多年调节计算时，由于水文资料的限制，连续枯水年组（段）的个数不多，难以绘制其保证率曲线，因而只能近似地用设计枯水年组来计算。一般均选实际水文资料中最枯、最不利的连续枯水段作为设计枯水段，求出其调节流量 Q_p 和相应的平均水头 $\overline{H}$，用式（9-11）即可算出保证出力 N_{fm}。考虑到电力系统负荷图是按年编制的，保证电量只需计算年发电量，故多年调节水电站的保证电量为 $E_{fm}=8760N_{fm}$（kW·h）。

二、水电站多年平均发电量估算

多年平均发电量是指水电站在多年工作时间内，平均每年所生产的发电量。它是水电站动能效益的重要指标之一。水电站多年平均发电量的计算，是在正常蓄水位、死水位和装机容量已知的条件下进行的。根据水电站的规划设计对计算精度的要求，可采用全部水文系列进行详细计算；也可用代表年进行简化计算。

1. 长系列法

当用 n 年的长系列资料进行水能计算时，计算时段为 t，一年共分 T 个时段，可求得 Tn 个时段的平均出力值，按大小排列，绘制时段出力保证率（或持续）曲线，见图 9-13，其中 t 取月（年调节及多年调节取月，无调节及日调节取日）。将保证率曲线的坐标换算成一年的持续小时数，即将 $P=100\%$ 改写成 $T=8760\text{h}$，则任何保证率 P_i 相应的持续时间 $T_i=P_i\times8760\text{h}$，于是得到持续时间坐标 $T(\text{h})$。根据拟定的装机容量 N_{In}，在图 9-13 上按"装机切头"，去掉超过装机容量的那部分水流出力，称为弃水出力；装机容量以下为实发出力，它所包括的那块面积（图中阴影线所示）即为水电站的多年平均发电量 $\overline{E}$。在装机容量多方案比较时，为了得知不同装机获得的多年平均发电量，可利用水流持续曲线，绘出装机容量与多年平均发电量的关系曲线 $N_{In}\text{-}\overline{E}$。这条曲线实际即是水流出力持续曲线对出力坐标的累积（积分）曲线。拟定不同的装机容量计算相应的 $\overline{E}$，便可绘出 $N_{In}\text{-}\overline{E}$ 线，如图 9-14 所示。

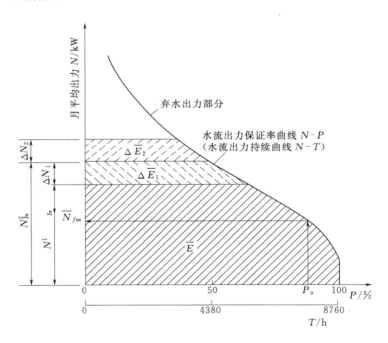

图 9-13　月平均出力保证率（持续）曲线

多年平均发电量 $\overline{E}$ 也可采用下面公式计算：

$$\overline{E}=\frac{1}{n}\sum_{i=1}^{n}E_i \tag{9-13}$$

其中

$$E_i=\sum_{j=1}^{T}N_{ij}\times t \tag{9-14}$$

式中：n 为水文资料年数；E_i 为第 i 年的发电量；t 为计算时段的小时数；N_{ij} 为第 i 年第 j

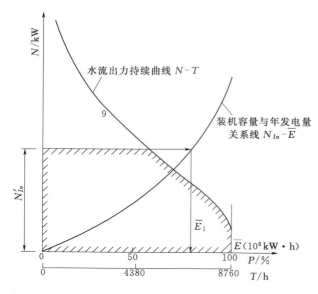

图 9-14 装机容量与年发电量关系曲线

时段的平均出力；T 为年的时段总数。

年和多年调节水电站，计算时段取月或旬为单位，则 $T=12$ 或 $T=36$；$t=730h$ 或 $t=240h$；无调节和日调节水电站，取日为计算时段，则 $T=365$；$t=24h$。

2. 代表年法

调节周期小于等于一年的水电站，可采用设计典型年估算水电站多年平均发电量。根据计算要求，可选择丰水年、偏丰水年、平水年、偏枯水年、枯水年 5 个代表年法估算水电站多年平均发电量，也可选择丰水年、平水年、枯水年三个代表年法估算水电站多年平均发电量，甚至也可直接采用平水年发电量作为多年平均发电量。

对多年调节水电站，不宜采用代表年法，而应采用设计平水系列法估算多年平均发电量。所谓设计平水系列，是指某一水文年组（一般由十几年的水文系列组成），其平均径流约等于全部水文系列的多年平均值，其径流分布符合一般水文规律。对该系列进行径流调节、水能计算，用式（9-14）求出各年的发电量，其平均值即为 $\bar{E}$。

多年平均发电量的计算与装机容量、机组特性有密切关系，在机组容量和机组过水能力等尚待确定时，一般采用"先假定，后修正"的办法，需经多次重复计算，待装机容量及机组选定后，才能较准确地算出水电站的多年平均发电量。因此，在规划、设计阶段，计算工作量较大，但可应用计算机完成这种重复、繁杂的计算工作。

必须指出，按"无限装机"调节计算水流出力时，没有考虑水电站机组特性的影响，对于低水头河川径流式水电站来说，当天然流量很大时，下游水位高涨，可能使水头小于机组允许的最小工作水头，以致不能发电。再者，水头减小对水电站机组的过水能力的影响也大，若按天然水流计算可能会出现虚假的出力。因此，进行低水头河川径流式水电站的水能设计时，应结合初拟的机组特性考虑。

第四节　电力系统容量组成及水电站运行方式

一、电力用户及其用电特性

由各类发电站、电力用户、输配电线路（电网）和升、降压等电气设备组成的整体，称为电力系统。在电力系统中，各类电站联合供电，充分发挥各电站的优势，相互补充，故可大大改善各电站的工作条件，提高系统的供电质量，使电力供应更加安全、可靠和经济。

电力系统中的用电户种类繁多，数量很大，通常按其生产特点和重要性可分为四类。

1. 工业用电

工业用电主要消耗于工矿企业的各种电动设备、电炉、电化装置和工厂照明等方面。工业用电主要特点是用电量大，年内用电过程较均匀，供电保证率要求高，日内用电变化视企业的生产班制而定，并有瞬间剧烈负荷变动。

2. 农业用电

农业用电主要消耗于电力排灌、乡办企业、农副产品加工、畜牧业及农村生活照明等方面。电力排灌是主要的用电户，用电具有明显的季节性。在用电季节内，负荷相对稳定，但在其他时期，日负荷变动较大。

3. 交通运输用电

交通运输用电主要消耗于电气化铁道运输。电气化铁道在一年内和一日内用电均匀，只有在列车开动时，在列车短时间内加速时会产生负荷剧烈变动。电气火车的耗电量，取决于列车的货运量和铁路的坡度。

4. 市政用电

市政用电主要用于城市交通、给排水、照明及生活和家用电器等方面。用电特点是年内和日内变化都较大。以照明来说，夏天用电比冬天少，白天用电比夜晚少，平时用电比节假日少，并且与地理位置有关。随着城市的发展、人口的逐年增加，人民生活水平不断提高，市政用电将不断增大。

二、电力负荷图

电力系统中的用电过程在年内和日内均随时间发生变化，这种变化过程可用负荷容量与时程关系曲线图表示，称为电力负荷图。电力负荷在一昼夜 24h 内的变化过程图，称为日负荷图；在一年内的变化过程图，称为年负荷图。不同电力系统或同一系统在不同时期，负荷图形状虽然不同，但都具有周期性的变化规律。现将日负荷图的变化特性分述如下。

日负荷变化通常会出现两次"峰"和"谷"，如图 9 - 15 所示。

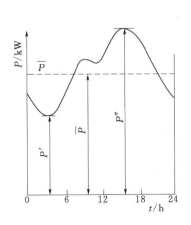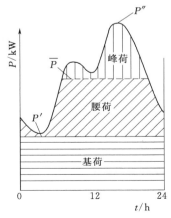

图 9 - 15　日负荷图

日负荷图有三个特征值：日最大负荷 P''、日平均负荷 $\overline{P}$ 和日最小负荷 P'。其中日平均负荷值需按式（9-15）计算，即

$$\overline{P}=\frac{\sum\limits_{i=1}^{24}P_i}{24}=\frac{E_d}{24}\ （\text{kW}） \tag{9-15}$$

式中：E_d 表示一昼夜内系统所耗费的电能，即日用电量，相当于日负荷曲线下所包括的面积。

日最大负荷表明用户对发电容量的要求，若该日各电站发电容量不能满足，则电力系统将因容量不足而造成正常工作状态的破坏。日平均负荷实际上表征着日需电量，如果各电站发不足需要的日发电量，则将因电量不足而造成系统限电。实际应用中常将日负荷图绘成以小时计的阶梯状图。

日负荷的三个特征值将日负荷图划分为三个区域：日最小负荷 P' 水平线以下部分称基荷，这部分负荷在一天 24h 内都不变；日平均负荷 $\overline{P}$ 水平线以上部分称峰荷，它是不断变动的；峰荷与基荷之间的部分称腰荷，这部分负荷一日内在一段时间变动，在另一段时间不变。

为了反映负荷特性，并对不同形状的日负荷图进行比较，常采用下述三个特征指数：

（1）基荷指数 α。$a=P'/\overline{P}$，α 值越大，基荷所占负荷图的比重越大，系统用电越稳定。

（2）日最小负荷率 β。$\beta=P'/P''$，β 值越小，负荷图中峰谷负荷的差别越大。

（3）日平均负荷率 γ。$\gamma=\overline{P}/P''$，γ 值越大，日负荷变化越小。

上述三个指标越大，日负荷变化越均匀，发电设备和受电设备的利用率越高。我国较大的电力系统，一般 γ 值为 0.8～0.88，β 值为 0.65～0.75。

在规划设计中还常采用典型日负荷图（曲线），即电力系统中最具代表意义的一天 24h 的负荷变化情况。其对系统的运行方式、电力电量平衡、水电站的装机容量、季节性电能利用等影响很大。典型日一般选最大负荷日，也可以选最大峰谷差日，还可以根据各地区情况选不同季节（春、夏、秋、冬）的某一代表日。

为了便于计算日负荷图上某一负荷位置的相应电量，常绘制日负荷的出力值（为纵坐标）与相应的电量值（为横坐标）的关系曲线，称为日电能累积曲线或日负荷分析曲线。其绘制方法为：将日负荷的纵坐标划分若干小段 ΔP_1、ΔP_2、…；分别计算各段间的面积，即电量 ΔE_1、ΔE_2、…；然后将 ΔP 与 ΔE 自下而上依次累加得到对应的坐标（P_1，E_1）、（P_2，E_2）、…。点绘坐标，则得如图 9-16 所示的日负荷分析曲线。

日负荷分析曲线有以下特点：在 P' 以下，负荷无变化，故 OA 为一直线；在 P' 以上，负荷变化，故 AB 呈上凹曲线段，越向上越陡；延长 OA 直线，与 B 点垂线 CB 相交于 D 点，则 D 点的纵坐标就是 $\overline{P}$ 值，因为 D 点的横坐标为一日的电量 E_d。

三、电力系统的容量组成

电力系统由各类电站组成，如水电站、火电站、核电站、抽水蓄能电站、潮汐电站、风力发电站和地热发电站等，各电站每台机组都有一个额定容量，称为发电机的铭牌出力。电站的装机容量 N_{In} 是指该电站的所有机组铭牌出力之和。电力系统的装机容量便是系统内所有电站装机容量的总和。电力系统和各电站的装机容量，通常按其任务性质和运

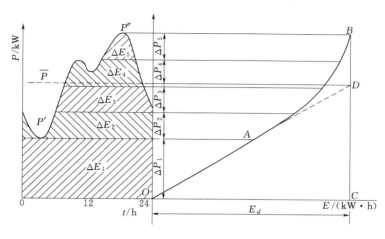

图 9-16 日负荷分析曲线

行状态进行划分。

1. 按任务性质划分装机容量

在规划设计阶段，要按担负任务的性质确定电站的装机容量。直接分担系统最大负荷的容量，称为最大工作容量 $N''_{\text{工}}$。为保证系统的正常工作，还需有另一部分容量，如当系统运行时，由于负荷跳动（超过 P'_s）、机组发生事故、检修停机等需要补充容量，这部分容量分别称为负荷备用容量 $N_{\text{负备}}$、事故备用容量 $N_{\text{事故}}$ 和检修备用容量 $N_{\text{检备}}$，统称为备用容量 $N_{\text{备}}$。保证系统正常工作的最大工作容量 $N''_{\text{工}}$ 和备用容量 $N_{\text{备}}$ 之和，称为必需容量 $N_{\text{必}}$。此外，当系统中某些水电站水库的调节能力不大、汛期内常产生较多的弃水时，则可在必需容量之外增加部分容量，以便利用弃水生产季节性电量，以节省火电站的燃料耗费，多装的这部分容量称为重复容量 $N_{\text{重}}$。由于它只能在丰水季投入，枯水季因水量不足不能参加工作，因而并不能减少火电装机容量，即不能替代火电容量，它是超出必需容量之外的重复容量。而火电站和其他类型的电站，由于无需装重复容量，故其装机容量就等于它所分担的必需容量。

综上所述，从设计的观点看，电力系统的装机容量为

$$N_{\text{装}}=N_{\text{必}}+N_{\text{重}}=N''_{\text{工}}+N_{\text{备}}+N_{\text{重}}=N''_{\text{工}}+N_{\text{负备}}+N_{\text{事备}}+N_{\text{重}} \tag{9-16}$$

2. 按运行状态划分装机容量

运行时，系统和电站的装机容量已定，但并不是任何时刻全部装机容量均处于发电状态。这是因为系统最大负荷 P'_s 在年内的时间并不长；此外，备用容量和重复容量也并不能经常同时利用。因此，不同时间系统和电站的容量必然处在不同的状态，很难以设计的观点再区分，这时可按运行状态划分容量。当某一时期由于机组发生事故或停机检修、火电站因缺乏燃料、水电站因水量和水头不足等原因，而使部分容量不能利用，这部分容量称为受阻容量 $N_{\text{阻}}$。系统中除受阻容量外，所有容量称为可用容量 $N_{\text{用}}$。可用容量 $N_{\text{用}}$ 按其所处的状态又可分为正在工作的工作容量 $N_{\text{工}}$ 和并未投入工作的待用容量两部分。待用容量处在备用状态的，称为备用容量 $N_{\text{备}}$，其余的处在空闲状态，称为空闲容量 $N_{\text{空}}$。总之，从运行观点看，系统和电站的装机容量可划分为

$$N_{装}=N_{用}+N_{阻}=N_{工}+N_{备}+N_{空}+N_{阻} \tag{9-17}$$

电力系统容量组成示意图如图 9-17 所示。

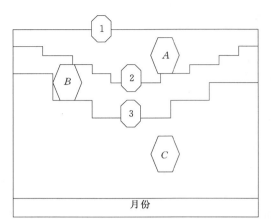

图 9-17 电力系统容量组成示意图
1—电力系统装机容量线；2—电力系统的可用容量线；
3—电力系统最大负荷过程线；
A—检修容量、受阻容量、空闲容量；B—负荷备用
容量、事故备用容量；C—工作容量

应当指出，上述各种状态的容量大小是随时间和条件而变化的，它们可以在不同的电站和不同的机组上互相转换，不一定固定。应尽量避免受阻容量发生，尽可能地减少空闲容量，以提高容量和设备的利用程度。

四、电力系统中各类电站的工作特性

目前，在我国的电力系统中，主要是火电站与水电站及少数的其他电站联合工作。为了使各类电站能合理地分担电力系统负荷，需要对水、火电站及其他类型电站的工作特性有所了解。

1. 水电站的工作特性

（1）水电站的工作情况随河川径流的变化而变化。水电站出力和发电量在丰、枯年份或季节差别较大，虽然可利用水库调节径流，也只能在一定程度上减小变化幅度。如遇丰水年，季节性电量过大，难以利用；特殊枯水年，则发不出保证出力和电量，致使正常供电遭受破坏，因此，水电站正常工作只能达到一定的保证程度（设计保证率）。有综合利用要求的水电站，发电将受到各部门用水要求的制约；低水头径流式电站在汛期也可能因水头不足使容量受阻；具有调节水库的中高水头电站，在库水位较低时，也可能使水电站出力不足。所以，水电站工作情况的变化是很复杂的。

（2）水电站机组操作运用灵活、启闭迅速。水电站机组从停机状态到满负荷运行仅需 1～2min。因此，水电站能在负荷多变的条件下有效地运行，保证系统的周波稳定，宜于承担系统的调峰、调频和备用等任务。

（3）水能是廉价清洁的再生能源。水力发电不需要燃料费，故电能生产成本较低，只有火电的 1/5～1/10；同时，水力发电属于可再生能源，有利于环境保护。所以，在电力系统运行中，应尽可能多发水电（特别是丰水季节），少发火电，以节省系统的燃料消耗，降低电力系统运行费用。

2. 火电站的工作特性

火力发电站简称火电站，是利用煤、石油、天然气作为燃料生产电能的工厂。它的基本生产过程是：燃料在锅炉中燃烧加热水使成蒸汽，将燃料的化学能转变成热能，蒸汽压力推动汽轮机旋转，热能转换成机械能，然后汽轮机带动发电机旋转，将机械能转变成电能。

（1）运行稳定。火电站工作时，不像水电站那样受天然来水的限制，只要备足燃料，发电就有保证。但部分火电站有"技术最小出力"限制，只能发出不小于70%左右的额定出力。

　　（2）运行成本高。火电成本远比水电高。因为火电需要大量的一次性能源——煤作为燃料，运行费用高。

　　（3）启闭不灵活。火电站工作有"惰性"，启动比水电站费时，加荷也较缓慢，机组从启动到满负荷运行约需经 $2\sim3h$。火电出力在额定容量的 $85\%\sim90\%$ 时，效率最高，单位煤耗最小。因此，火电宜于承担基荷，以节约煤耗。

　　3. 风力发电站的工作特性

　　风能是取之不尽、用之不竭、洁净无污染的可再生新能源。

　　风能发电的基本原理是，通过风力机把风能转化为机械能，再由风力机拖动发电机将机械能转化为电能。风力发电运行方式主要有离网型和并网型两种。离网型是把风力发电机组输出的电能经蓄电池蓄能，再供给用户。并网型是将风力发电机组发出的电力直接输送到电网上。

　　风力发电站的工作特性有以下几点：

　　（1）工作不连续。风力发电受风速影响较大，有季节性，一般在 $4\sim25m/s$ 左右的风速才能发电；当风速大于 $25m/s$ 时，一般不能发电。我国有许多优良风场，有效风速的多年平均时间在 $3000\sim8000h$。

　　（2）发电建设成本高。风电单机容量小，一般在 $600\sim1500kW$，大型机组也只有 $6MW$，单位千瓦投资一般均高于水电和火电。

　　（3）给电网运行带来困难。由于风电不能持续工作，其出力过程与用电高峰不一致，给电网负荷分配带来一定困难，因此需要有调节的电站，如水电联合运行才能使电网运行安全可靠。此外，应注意风机运转带来的噪声，以及一座座风塔耸立对环境的影响等问题。

　　4. 核电站及其他电站简介

　　核电站是利用核反应堆所产生的热能，使水变成高温高压的蒸汽，推动汽轮发电机组生产电能。核电站的特点，是需要持续不断地以额定出力工作，所以在电力系统中总是承担基荷。由于核反应堆的造价昂贵、质量标准和安全措施要求高、设备复杂，因此其单位装机造价比火电约贵 $30\%\sim50\%$。

　　燃汽轮机电站是用石油或天然气作燃料的电站。它是利用燃气推动汽轮机组发电。电站设备简单、体积小、投资小。燃气易于控制调节，启闭快、运行可靠，宜于承担系统的备用容量、尖峰负荷，及应急供电。但燃料费贵、年运行费高、发电成本高。

　　除上述电站外，还有抽水蓄能电站、潮汐电站以及地热电站等，本书在此不再详述。

　　综上所述，现代电力系统一般由各种电站组成，联合工作可取长补短。水电站调节灵活，适宜于担任系统的调峰、调频、调相和事故备用等任务；其年运行费较低，因此，应尽量多发水电。火电站年运行费高、有最小技术出力等限制，为了取得高热效率，火电站应担任基荷，但当系统缺调峰容量时，中温中压火电可适当调峰。核电站年运行费用比火电虽低，但要求持续地以额定出力工作，故只能担任基荷。抽水蓄能电站是水电站的特殊型式，具有显著的调峰填谷作用，与核电或火电配合运用，将大大改善系统的工作条件。燃汽轮机电站宜于承担系统尖峰负荷或应急供电。潮汐、风力和地热电站等，只适于担任基荷，补充电力系统的电量不足。

五、水电站在电力系统中的运行方式

水电站在电力系统负荷图上的工作位置，称为水电站运行方式。研究水电站运行方式，在规划设计阶段，是为合理选择水电站装机容量等主要参数提供依据；在管理运行阶段，是为了使系统供电可靠，为制定经济运行或优化调度方案奠定基础。水电站运行方式，应根据电力系统各种电站的动力和运行特性，利用系统工程和经济分析，进行技术经济比较才能科学合理地确定，这是一项复杂的系统工作。一般来说，水电站因其水库的调节性能不同，以及年内天然来水流量的不断变化，年内不同时期的运行方式也必须不断调整，以使水能资源能够得到充分利用，同时电力系统一次性能源消耗最低。根据水电站及电力系统长期实践经验，现以年调节水电站在年内不同时期为例讲述水电站在电力系统中的运行方式。

1. 无调节与日调节水电站的运行方式

无调节水电站只能按天然径流发电，为了充分利用水能，它应在全年担负系统基荷工作，只有当天然径流所产生的出力大于系统最小负荷时，电站才担任一部分腰荷。具体位置由无调节水电站的日水流出力决定，超过装机容量部分为弃水出力。

日调节水电站能对当日的天然水流能量进行分配，可以承担变动负荷。在不发生弃水和无其他限制条件的情况下，日调节水电站可尽量担任系统的峰荷，使火电站担任尽可能均匀的负荷，以降低单位煤耗量。随着天然来水的增多，其工作位置应从峰荷逐渐地转移到基荷，以充分利用装机、减少弃水，节约火电耗煤量。根据不同来水年份和季节，日调节水电站的工作位置应相应调整。

（1）在设计枯水年，水电站在枯水期的工作位置是以最大工作容量担任系统的峰荷，如图 9-18 中的 $t_0 \sim t_1$ 与 $t_4 \sim t_5$ 时期。当洪水期开始后，天然来水逐渐增加，日调节水电站的工作位置应逐渐下降到利用全部装机在腰荷与基荷工作，如 $t_1 \sim t_2$ 时期。在洪水期 $t_2 \sim t_3$ 内来水很大，水电站应以全部装机在基荷工作，尽量减少弃水。t_3 以后，汛期已过，来水量逐渐减小，水电站的工作位置逐渐上移到 t_4，担任系统的腰荷与部分峰荷。从 t_4 起

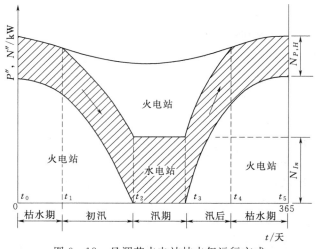

图 9-18 日调节水电站枯水年运行方式

又开始为枯水季，水电站又担任系统的峰荷。

（2）在丰水年份，天然来水较多，即使在枯水期，日调节水电站也要承担负荷图中的峰荷与部分腰荷。在初汛后期，可能已有弃水，日调节水电站就应以全部装机容量担任基荷。在汛后的初期，来水可能仍较多，如继续有弃水，此时水电站仍应担任基荷，直到进入枯水期后，水电站的工作位置便可恢复到腰荷，并逐渐上升到峰荷位置。

日调节水电站与无调节水电站相比具有许多显著的优点：可适应负荷变化要求，承担调峰、调频和备用，提高供电质量；改善火电机组工作条件，使其出力比较均匀，减少单位煤耗；在保证电量一定时，担任调峰可增大水电站的工作容量，节省火电装机；增大了的水电站装机容量在丰水季可增发季节电能，减少火电总煤耗量等。而日调节所需库容不大，所以，只要有可能，就应尽量为水电站进行日调节创造条件。

但是，水电站进行日调节时，由于负荷迅速变化，引起水电站工作流量的急剧变化，会造成上、下游特别是下游河道水位和流速的剧烈变化，将带来不良后果。如日调节使平均水头比无调节时减小，损失一部分电能。对高水头水电站，电能损失不大，一般可忽略不计；如是低水头水电站，则损失可能较大，需加以考虑。其次，当河道经常通航时，河中水位和流速急剧变化，使航运受到严重影响，甚至在某一段时间必须停航；此外，当下游有灌溉或给水渠道进水口，剧烈的水位波动会干扰渠道进口，使控制引用流量发生困难。因此，进行日调节时，应设法满足综合利用各部门的要求。解决上述矛盾的措施是：适当限制水电站的日调节，在水电站下游修建反调节水库以减小流量、水位和流速的波动幅度。

2. 年调节水电站的运行方式

年调节水电站一般多属不完全年调节，在一年内水库调节过程一般可划分为供水期、蓄水期、弃水期和不蓄不供等几个时期，如图 9-19 所示。

（1）供水期。如不受综合利用其他部门用水的影响，水电站按保证出力在峰荷位置工作，担任尽可能大的工作容量，以减少火电耗煤量，并使火电站担任尽可能均匀的负荷。如图 9-19 中 10 月至次年 3 月所示。如有其他部门的用水要求时，则发电用水将随之而变，其在负荷图上的工作位置也将随具体情况而定。

（2）不蓄期。天然来水逐渐增大，为避免水库过早蓄水使以后可能发生大量弃水，可在保证水库蓄满的条件下尽量利用天然来水量多发电。由于不完全年调节水库容积小，易于蓄满，故蓄水期开始时，不急于蓄水（不蓄期），水电站以天然水流能量在腰荷工作。如图 9-19 中的 4 月。

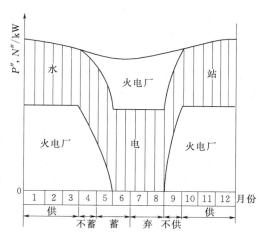

图 9-19 年调节水电站设计枯水年运行方式

（3）蓄水期。天然来水继续增大，水库开始蓄水，当水库蓄水至相当程度，则水电站的出力可加大，工作位置随着下移，到后期以其全部装机容量在基荷工作。如图 9-19 中的 5—6 月。

（4）弃水期。此时水库已蓄满，水电站应按全部装机容量在基荷工作，当天然来水量超过了水电站最大过水能力时，弃水就无法避免，超过的水量为弃水量。

（5）不供期。此时水库保持库满，天然来水流量逐渐减小到小于水电站最大过水能力，而仍大于发保证出力所需的调节流量，故水库不供水，水电站按天然流量发电。随着天然流量的逐渐减小，其工作位置由基荷转向腰荷，最后到峰荷位置与供水期衔接。如图 9-19 中的 9 月所示。

3. 多年调节水电站的运行方式

多年调节水库库容很大，水库要经过若干个丰水年的蓄水期才能蓄满，又要经过几个连续枯水年的供水期才能放空。所以，在一般年份内水库只有供水期和蓄水期，水库水位在正常蓄水位与死水位之间变化。因此，多年调节水电站在一般年份总是按保证出力，在电力系统负荷图上全年担任峰荷。但是为了火电站机组检修，在洪水期水电站需适当增加出力以减小火电站的出力。

多年调节水库在蓄满后，若仍继续出现丰水年份，为了防止产生弃水，其工作位置要适当下移，运行方式类似于年调节水电站在丰水年的运行方式。

值得说明的是，具有调节能力的水电站的运行方式应结合水库调度规则来详细决定。

第五节　水电站装机容量的确定

水电站装机容量是指水电站所有机组额定容量的总和，它是水电站的主要参数之一。装机容量的大小直接影响到水电站的规模和动能效益、水能资源的利用程度以及水电站的投资和设备的合理使用，它的选择是一个比较复杂的动能经济问题。

水电站装机容量由最大工作容量、备用容量和重复容量三部分组成，现分述如下。

一、水电站最大工作容量的确定

1. 确定原则

水电站的工作容量是指直接承担设计水平年系统负荷的那部分容量。由于系统负荷在一年内是变化的，系统的最大工作容量就等于系统的年最大负荷，是由各类电站共同承担的。所以，水电站所分担的满足系统年最大负荷的容量，称为水电站最大工作容量。设电力系统的最大负荷 P''_s 为一定值，水电站最大工作容量的确定，应从电力系统的可靠性和经济性要求出发，在水、火电站之间正确划分各自承担的系统最大负荷的工作容量。根据系统容量的平衡条件，设计水平年水电站的最大工作容量 $N''_{\text{工}}$ 为

$$N''_{\text{工}} = P''_s - \sum N_T \tag{9-18}$$

式中：$\sum N_T$ 为系统已建的和拟建的其他电站的最大工作容量之和。

根据电能平衡要求，在任何时段内，水电站应提供的保证电量 E_{fm} 为系统要求的电量 E_s 与 $\sum E_T$ 之差，即

$$E_{fm} = E_s - \sum E_T \tag{9-19}$$

式中：$\sum E_T$ 为已建和拟建火电站等所发保证电量之和。

从可靠性方面要求，水电站能承担多大的工作容量，要有相应的能量保证，即满足式

（9-19）。而当水库电站的正常蓄水位和死水位确定后，电站的保证电量为某一固定值。这样，按符合水电站设计保证率要求的保证电量控制所确定的水电站最大工作容量，就体现了电力系统工作的可靠性要求。

从经济性方面考虑，增大水电站的最大工作容量，由式（9-18），可以相应减少新建火电站的工作容量。当坝式水电站的正常蓄水位与死水位方案已定后，其保证电量是个比较固定的值。如果变动水电站在系统负荷图上的工作位置，同时要满足可靠性要求，可以发现不同位置，水电站的最大工作容量是不同的，即担任峰荷、腰荷时的最大工作容量要大于基荷时的最大工作容量。而增加水电站的工作容量，并不需要增加水工部分的投资，只需增加与发电直接相关的机电设备及厂房等投资。根据我国目前的电源结构，常把火电站作为水电站的替代电站。因此，水电站所增加的补充千瓦投资，常比替代火电站的单位千瓦投资少得多，至于年运行费，火电站比水电站就更大的多。由此看来，增加水电站的工作容量以替代火电站的工作容量，在技术上是可行的，在经济上总是有利的。所以，应让水电站尽可能在峰荷区工作，多装工作容量，这样不但可提高汛期水量利用率，而且可节约火电站的总煤耗量，显然这是符合电力系统经济性要求的。

综上所述，水电站最大工作容量的确定原则是，在尽可能满足综合利用要求的条件下，以保证电量作为控制，使水电站的工作容量尽可能大。但应指出，此原则对引水式电站不一定适合，特别是有长引水道的水电站，其补充千瓦投资不一定比火电站的小。在确定最大工作容量时，应进行水、火电站之间的经济比较。

2. 无调节水电站最大工作容量的确定

无调节水电站任何时刻的出力，均取决于天然流量的大小，为了充分利用无调节水电站的发电量，电站只能在日负荷图的基荷部位工作。所以，无调节水电站的最大工作容量 N_H'' 即等于按设计保证率求出的保证出力 N_{fm}，即

$$N_H'' = N_{fm} \qquad\qquad (9-20)$$

3. 日调节水电站最大工作容量的确定

由于日调节水电站可将日平均出力调节成担任峰荷部位的变化出力，从而增大水电站的工作容量。因此，其最大工作容量须根据前述的原则予以确定。

当日调节水电站下游有综合用水要求时（如航运需一昼夜间均匀通航流量），则应把其保证出力划分为两部分，一部分受综合用水限制，另一部分可随意调节；然后分别按无调节和日调节水电站确定出相应两部分的最大工作容量，水电站总工作容量为上述两部分之和。有综合用水要求，水电站最大工作容量相应减少。

4. 年调节水电站最大工作容量的确定

年调节水电站最大工作容量的确定，应以前述原则为依据。由于其保证电量的控制时段是整个供水期，所以，要在年负荷图上通过电力电量平衡来确定。

应该说明，供水期以外月份水电站的工作方式，应根据充分利用水能资源、减少弃水的原则进行研究。

5. 多年调节水电站最大工作容量的确定

确定多年调节水电站最大工作容量的原则和方法，与年调节水电站类似。只是需要计算设计枯水年组的平均出力 N_{fm} 和年保证电量 $E_{fm} = 8760 N_{fm}$，然后按水电站全年都担任

峰荷工作，进行全年的系统电力电量平衡，即可确定水电站的最大工作容量。

应该指出，当缺乏远景负荷资料时，不能采用上述系统电力电量平衡法确定水电站的最大工作容量。这时可用简略的公式估算法，具体方法可参阅有关资料和文献。

二、电力系统备用容量的确定

为了使电力系统的正常工作不遭受破坏，系统中各个电站容量的总和至少不得小于系统的最大负荷。但是，根据系统最大负荷所确定的各电站工作容量，并不能保证电力系统供电有足够的可靠性，其原因如下：

（1）在任何时刻不能准确地预测电力系统将会出现的瞬时最大峰荷。

（2）系统中的发电设备，难免会发生事故，并难于预测。由于事故停机，系统工作容量减少，负荷需求就不可能得到保证，故需要事故备用容量。

（3）很难使所有的机组都能在一年或两年之内得到计划停机检修的机会。

由上所述，电力系统中各电站的总容量值，除了满足分担系统最大负荷的要求外，还要附加一部分容量以保证系统供电的可靠性，这部分容量称为系统的备用容量。备用容量可分为负荷备用容量、事故备用容量和检修备用容量。应分别予以确定，并由满足一定条件的电站承担。

1. 负荷备用容量

实际上电力系统的负荷是不断变动的，特别是当系统内有大型轧钢机、电气机车等用户时，它们常出现冲击负荷，称为突荷，使负荷时高时低地围绕负荷曲线跳动。当负荷超过系统计划最大负荷时，仅有最大工作容量就不够了。为此，需要装置一部分负荷备用容量来承担这种短时的突荷，才不致因系统容量不足而使周波降低到小于规定的数值，影响供电质量。负荷备用容量的多少与系统用户的性质和组成有关，"跳动"用户的比重大、其值应大。根据 NB/T 35061—2015《水电工程动能设计规范》，系统的负荷备用容量可采用系统最大负荷 P'_j 的 $2\%\sim5\%$ 左右。一般无需额外备用电量，因负荷跳动时正时负，能量可以互补。

电力系统的负荷备用容量，在一般情况下，宜装在调节性能较好、靠近负荷中心的大型蓄水式水电站上。但在大型电力系统中，负荷备用容量值很大，规范规定，当 $P'_j \geqslant$ 1000MW 且输电距离较远时，应由两个或更多的水电站和凝汽式火电站分担负荷备用容量。通常把担任系统负荷备用容量的电站称为调频电站。在实际运行中，负荷备用容量可在不同调频电站间互相转移，但必须由正在运转的机组承担。

2. 事故备用容量

电力系统中任何一个电站发生事故，则机组不能投入工作，为了保证系统正常工作，尚需装置一部分备用容量。这部分在系统发生事故时投入工作的容量，称为事故备用容量。系统电站发生事故的原因很复杂，造成的损失难以估算，到目前为止，尚无确定事故备用容量的严格算法。因此，在实际设计中，一般根据运行经验确定事故备用容量。NB/T 35061—2015 规定：系统事故备用容量采用系统最大负荷的 $8\%\sim10\%$，但不得小于系统最大一台机组的单机容量和系统最大单回线路输电容量。

事故备用容量一般应分设在几个电站上，不宜太集中，且可随时快速投入工作。如火电站的事故备用容量应处在热备用状态，水电站应处在停机待用状态。系统事故备用容量在水、火电站之间分配时，应根据各电站的特点、工作容量比重、系统负荷的分布等因素分析确定。一般在调节性能较好的蓄水式水电站上多分配些事故备用容量是有利的，初步确定时，可按水、火电站最大工作容量的比例来分配。水电站事故备用容量必须有备用水量，应在水库内预留所承担事故备用容量在基荷连续运行 3～10 天的备用水量，当此水量占水库有效库容的 5% 以上时，则应考虑留出备用库容。

3. 检修备用容量

系统中各电站上所有机组都要有计划地定期检修（大修），以减小发生事故的可能性和延长机组的寿命。每台机组的大修时间，平均每年火电站约需 45 天，水电站约需 30 天。机组检修应尽可能安排在系统负荷降低、本电站出现容量空闲的时候进行，如火电站的机组检修可安排在丰水季年负荷图较低部位，利用水电站多发电、火电站容量有空闲的时间，水电站机组检修则应安排在枯水季。当利用系统容量空闲部位（检修面积）不能使全部机组轮流检修一遍时，则需装置检修备用容量，否则可不予设置。

三、水电站重复容量的确定

对于无调节及调节性能较差的水电站，在丰水季节将大量弃水，为了充分利用水能资源，减少弃水，多发季节性电能，只有加大水电站装机容量。这部分在必需容量以外加大的容量，在枯水期内由于天然来水少，不能当作系统的工作容量以替代火电站容量，因而被称之为重复容量。它在系统中的作用，主要是增发季节性电能，以节省火电站燃料。

水电站在投入运行后，随着系统负荷结构调整、水电站来水条件改变等运行情况的变化，有可能使重复容量部分或全部转为工作容量，相应的电能转变为保证电量。例如，农业用电有大的增长，特别是排灌用电出现在夏秋季，同水电站发季节电能的时期很接近，那么部分季节电能将转变为保证电能；由于上游梯级水库的修建，可对径流进行补偿调节，提高了水电站群的保证出力，这样也可使部分重复容量转为工作容量。季节性电能的转化和利用，可以提高系统供电的质量和可靠性，不但节约煤炭，而且可提供急需的电力，应予重视。

在设计中，如果重复容量设置得过大，造成资金积压和浪费；设置得过小，不能充分利用水能资源。因此，必须通过动能经济计算，才能确定合理的重复容量。

四、水电站装机容量选择

按前述方法分别确定出各部分容量，则水电站装机容量的初定值为

$$N_{装} = N''_{工} + N_{备} + N_{重} \qquad (9-21)$$

据此即可进行机组的初步选择，初定合适的机组机型、台数、单机容量等。然后进行设计枯水年电力系统的容量平衡，以检查所选的装机容量及其机组在较不利的水文条件下，能否担任系统负荷的工作容量及备用容量等方面的任务，使系统供电得到保证。为了解一般水文条件下的运行情况，还要进行中水年的容量平衡，对低水头电站，还需作出丰水年的容量平衡，以检查机组出力受阻情况。进行电力系统容量平衡时，在保证安全供电的条件下，要尽可能使空闲容量最少，总装机容量最小，以满足可靠和经济的原则。通过容量平衡图，可确定出所需的水电站装机容量，再进一步进行合理性分析，最后通过动能经济比较，更精确地选择机组，当机组、台数、单机容量等均选定后，水电站装机容量才

可最终确定。

装机容量合理性分析，可以从以下几个方面进行。

（1）装机容量年利用小时数 h_y，指多年平均年发电量对装机容量的折算值，即

$$h_y = \overline{E}/N_{ln} \quad \text{(h)} \tag{9-22}$$

$h_y/8760$ 称为设备利用率。h_y 的大小反映设备的利用程度，是判别装机容量大小是否合适的一个指标。由于影响 h_y 的因素众多，很难统一规定各种电站的统一指标。一般说来，地区水力资源少，水电比重小，电力系统大，负荷尖峰高，水电站调节性能好，调峰任务重，则 h_y 较低。根据经验，一般无调节水电站 h_y 达 5000～7000h；日调节水电站 h_y 为 4000～5500h；年调节水电站为 3000～4500h；多年调节水电站为 2500～3500h。由此可见，条件不同、调节类型不同，h_y 的差别很大。

（2）径流利用系数 η，指多年平均的年利用水量与年径流量的比值，即

$$\eta = \frac{W_0 - \overline{W}_s}{W_0} \times 100\% \tag{9-23}$$

式中：W_0 为坝址处河流的多年平均径流量；$\overline{W}_s$ 为年弃水量的多年平均值。径流系数 η 通过径流调节和水能计算得出，它与水库调节性能和水电站装机有关，反映了水力资源的利用程度。对调节性能差的水电站，因可设置重复容量，加大装机容量，从而可提高 η 值。如果 η 值很低，表明水力资源利用程度很差，应查明原因，装机容量是否定得偏小。

（3）水电站过水能力的协调。水电站过水能力是指设计水头下全部装机工作时通过的流量。当设计水电站属河流梯级开发之一时，梯级水电站之间的过水能力必须协调，这也是装机容量选得是否合理的检验因素之一。一般下级电站过水能力比上级略大，若区间来水比取水（如灌溉）小，则情况相反。同时要考虑电站过水能力与下游综合利用是否协调等情况。

（4）考虑其他因素，如水电站在设计水平年内，负荷结构、综合利用及电站联合运用的变化，对装机进行灵敏度分析，以探求装机选择是否合理及稳定程度。

值得说明的是，在前面介绍水电站装机容量选择的方法步骤时，曾假定电力系统内只有一个有调节的水电站，而实际情况要复杂得多。当系统中有多个具有调节能力的水电站时，可按前述方法把水电站群作为一个电站考虑，求出总装机容量后，再进行合理分配，才能确定各电站的装机容量。这是一个复杂的专门研究课题，详细内容可参阅有关文献资料。

五、确定装机容量的简化方法

大中型水电站在初步规划阶段或小型水电站由于资料不充分，或为了节省计算工作量，一般采用以下简化方法估算装机容量。

1. 保证出力倍比法

在求出设计水电站的保证出力 N_p 后，可由 $N_y = \alpha N_p$ 求装机容量 N_y。α 是经验系数，与水电站在系统中的比重、水电站工作位置、水库调节性能有关。我国几座大型水电站的装机容量与保证出力的倍比见表 9-5。

表 9-5　　　　　　　　　　　　装机容量 N_y 与保证出力 N_p 比值

水电站名	葛洲坝	龙羊峡	刘家峡	丹江口	新安江	丰满	柘溪
N_y/万 kW	271.5	128	116	90	66.25	55.4	44.75
N_p/万 kW	76.8	64.7	40	24.7	17.8	16.8	12
N_y/N_p	3.5	2.0	2.9	3.6	3.7	3.3	3.7

2. 装机容量年利用小时数法

水电站的多年平均年发电量 E 与装机容量 N_y 的比值即装机容量年利用小时数，反映了设备平均每年（全年为 8760h）利用的程度。水电站装机容量利用小时数一般与地区水力资源状况、系统负荷特征、水电站的工作位置、水火电站容量比重、水库调节性能、国家经济条件等有关。$T_装$ 选定后，可根据 $N_y = E/T_装$ 确定水电站装机容量。

第六节　水电站水库特征参数的确定

水电站装机容量、水库正常蓄水位和死水位是水电站水库水能规划设计的三个主要特征参数。它们之间相互影响，装机容量在正常蓄水位和死水位已定的情况下才能确定，而正常蓄水位和死水位的选择又必须考虑装机容量。因此，这三个主要特征参数的选择与确定，是由粗到细的过程，需经过多轮计算、比较才能最终确定。

一、水库正常蓄水位的选择

水库的正常蓄水位是水电站主要参数中最重要也是影响最大的一个参数，它决定着水电站工程的规模和投资。一方面，正常蓄水位的高低直接影响坝高，决定着建筑工程量及投入的人力、物力和资金，以及水库淹没损失与伴随的国民经济损失等；另一方面，正常蓄水位的高低又决定着水库的大小和调节能力，水电站的水头、出力和发电量，以及防洪、灌溉、给水、航运、养鱼、环保、旅游等综合利用效益。因此，正常蓄水位的选择，必须从政治、技术、经济等因素进行全面综合分析，经过多方案比较论证，才能合理确定。

1. 正常蓄水位与动能经济指标的关系

水库正常蓄水位增高，可增加水库容积，提高水库调节能力，有利于防洪、发电、灌溉、航运等，但同时也会带来淹没损失等不利的影响。因此，抬高正常蓄水位有利有弊，可由水电站动能经济指标的变化反映出来。

（1）从动能指标看，当抬高正常蓄水位时，水电站动能指标（保证出力和年发电量）的绝对值也随之增大，但其增长率却越来越小。这是因为，随着正常蓄水位的抬高，水库调节能力越来越大，水量利用也越来越充分，当水位达到一定高程后，如再抬高水位，往往水头增加的多而调节流量增加很少，因而动能指标的增量也随之递减，即水电站的出力和发电量替代火电的出力和发电量的增量效益越来越小。

（2）从经济指标看，占水电站工程总投资很大一部分的是水坝的投资 K_D，它与坝高 H_D 的关系一般为 $K_D = aH_D^b$，其中 a，b 为系数，且 b 一般大于 2。可以看出，随着正常蓄水位的抬高，大坝的工程量和投资随坝高的高次方增加，其他投资和年运行费用等都是递增趋势，而库区的淹没、浸没损失和库区移民也相应增加。

2. 正常蓄水位选择的方法和步骤

上述关系分析表明，正常蓄水位的抬高必有其经济上的极限值。鉴于此，正常蓄水位选择的方法是：分析研究正常蓄水位的可能变动范围，拟定若干个比较方案，分别确定各方案的水利动能效益和经济指标，通过技术经济分析，进行比较和综合论证，来选取最有利的正常蓄水位。选择正常蓄水位的具体方法步骤如下：

（1）正常蓄水位上、下限值的选定及方案拟定。限制正常蓄水位上限值的因素有：库区淹没、浸没造成的损失情况，坝址及库区的地形地质条件，水量利用程度和水量损失情况，河流梯级开发方案，其他条件还包括劳动力、建筑材料和设备供应、施工期限和施工条件等。选取下限值考虑的因素有：发电和其他综合利用部门的最低要求，水库泥沙淤积等。在上、下限值选定后，若在该范围内无特殊变化，则可按等间距选取 4～6 个正常蓄水位作为比较方案。

（2）拟定水库的消落深度。一般采用较简化的方法拟定各方案的水库消落深度 h_n。根据经验，坝式年调节水电站的 $h_n = (20\% \sim 30\%)H_{max}$；多年调节水电站 $h_n = (30\% \sim 40\%)H_{max}$；混合式水电站 $h_n = 40\%H_{max}$；其中 H_{max} 为坝所集中的最大水头。

（3）对各方案可采用较简化的方法进行径流调节和水能计算，求出各方案水电站的保证出力、多年平均发电量、装机容量等动能指标，并求出各方案之间动能指标的差值。

（4）计算各方案的工程量、劳动力、建筑材料及各种设备所需的投资和年运行费。

（5）计算各方案的淹没和浸没的实物指标及其补偿费用。

（6）进行水利动能经济计算，对各方案进行动能经济比较，从中选出最有利的正常蓄水位方案。

二、水库死水位的选择

对已定的正常蓄水位，相应于设计枯水年或设计枯水系列的水库消落深度的水位，称为死水位。死水位的高低决定着调节库容的大小和水利动能效益的好坏，因此，它的选择类似于正常蓄水位的选择，必须进行动能经济分析比较，才能选定有利的死水位。

1. 死水位与动能指标的关系

在一定的正常蓄水位下，随着死水位的降低，调节库容 V_n 加大，利用水量增加，但平均水头却减小。因此，并不是死水位越低，动能指标越大，必然存在一个有利的消落深度 h_n（或称工作深度）或死水位，使水电站动能指标、保证出力和多年平均年发电量最大。下面以年调节水电站在设计枯水年的工作情况为例进行说明。在该年内由库满到放空的整个供水期内，水电站的平均出力 N_d 由两部分组成：一部分是水库放出蓄水量所发出力，称为水库出力 N_v；另一部分是天然径流所发出力，称为不蓄出力 N_1。则水电站保证出力 N_{fm} 可通过下式进行简化计算：

$$N_{fm} = 9.8\eta \overline{H} Q_p = 9.8\eta \overline{H}(Q_1 + Q_v) = N_1 + N_V \qquad (9-24)$$

式中：$\overline{H}$ 为供水期平均发电水头；Q_1 为供水期天然流量平均值；Q_v 为供水期水库供出流量平均值，$Q_v = V_n / T_d$。

对水库出力 N_V 而言，消落深度 h_n 越大，兴利库容 V_n 越大，相应的 Q_v 越大，虽然

供水期平均水头 $\overline{H}$ 减小，但其减小影响总是小于 Q_V 增加的影响，所以水库出力 N_V 随 h_n 的降低而增大。对不蓄出力而言，情况恰好相反，由于天然流量平均值 Q_1 是一定的，因而 h_n 减小，$\overline{H}$ 减小，N_1 越来越小。如图 9 - 20 中的两条虚线即表示这种变化。既然水库 h_n 的降低，水电站的 N_V 增大而 N_1 减小，可见两者之和形成的供水期平均出力，即保证出力 N_{fm} 必将有一个最大值出现，如图 9 - 20 中的 N_{fm} 线所示。

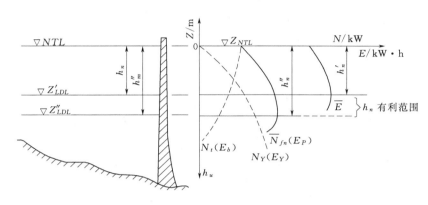

图 9 - 20　水库消落深度与水电站动能指标关系曲线

同理，对设计中水年进行水能调节计算，假定数个消落深度 h_n 可求得相应的多年平均发电量 $\overline{E}$，点绘 h_n 与 $\overline{E}$ 关系，则得图 9 - 20 中的 $\overline{E}$ 线。

从图 9 - 20 可看出，由保证出力定出的最优工作深度为 h_n''，称为水库极限工作深度；而由多年平均发电量最大定出的最优工作深度为 h_n'，称为水库常年工作深度。一般 h_n'' 比 h_n' 要大，这是因为，年发电量中包括除供水期以外的蓄水期、平水期等的发电量，这些时期的天然来水量较大，不蓄出力或电能也较大，要求水库的工作深度尽量小些，才能获得更大的发电量。而不蓄电能占年发电量的比重较大，因此与年发电量最大值相应的 h_n' 一定比保证出力最大相应的 h_n'' 小。同理可知，中水年发电量最大值相应的工作深度应比枯水年小。

2. 对水库死水位的其他要求

由上述可知，与保证出力最大相应的工作深度一般都比较大，但可能影响综合利用等其他方面的要求，简述如下：

（1）考虑综合利用，当灌溉从水库取水时，其高程对死水位有一定要求，死水位过低将减少灌溉面积；当水库上游航运、筏运、渔业、卫生、旅游等对死水位有要求时，死水位均不能过低，如航运要求最小航深具备一定的高程，渔业要求水域面积不能低于一定的值等。

（2）水轮机运行要求。要求水库工作深度不宜过大，以减小水头的变幅，使水轮机尽可能在高效率区运行；若水位过低、水头过小时，机组效率将迅速下降，可能影响机组安全运行，同时机组受阻容量过大，可能使水电站的水头预想出力达不到保证要求。因而，机组运行条件可能是确定水库工作深度的决定性因素之一。

（3）泥沙要求。河中泥沙进入水库，一部分淤在死库容内，若死库容留的过小，可能很快被淤满，影响水电站进水口的正常工作和水库的使用寿命。另外，在寒冷地区，还要考虑死库容内结冰所引起的问题。

3. 选择死水位的方法和步骤

以发电为主的水库，确定死水位时，应考虑水电站动能指标、机组的运行条件、综合利用要求以及对下游各梯级水库的影响等。然后拟定几个可行方案，进行水利动能经济计算和综合分析比较，选出比较有利的死水位。其方法、步骤大致如下：

（1）根据水电站的设计保证率，选择设计枯水年或枯水系列。

（2）在选定的正常蓄水位情况下，根据各方面要求，拟定若干个死水位方案，求出相应的兴利库容和水库工作深度。

（3）对各死水位方案进行径流调节及水能计算，求出各方案的 N_{fm} 及 $\overline{E}$。

（4）用电力电量平衡法计算各方案的必需容量：$N_{必} = N_{工}'' + N_{备}$。

（5）计算各方案的水工和机电投资与年运行费；然后，根据水工建筑物与机电设备的不同经济寿命，求出不同死水位方案水电站的年费用 NF_1。

（6）对不同死水位方案，为了同等程度地满足系统对电力、电量的要求，应计算各方案替代电站的补充必需容量和电量，并求出各方案的补充年费用 NF_2。

（7）根据系统年费用 $NF = NF_1 + NF_2$ 最小准则，并综合考虑各方面的要求，确定满意合理的死水位方案。

三、水电站水库主要特征参数选择程序

水电站水库三个主要特征参数的选择相互关联，互相影响。因此其选择的程序往往是先粗后细，反复进行，不断修改，最后才能合理确定，具体步骤大致如下：

（1）初拟若干个正常蓄水位方案，初估各方案的消落深度及相应的兴利库容，按正常蓄水位选择的步骤，对各方案进行水利动能经济计算比较，并进行综合分析，初选合理的正常蓄水位方案。

（2）对初选的正常蓄水位方案，初拟几个死水位方案，对每一个方案，按死水位选择的步骤进行计算、比较、分析，初选合理的死水位方案。

（3）对初选的正常蓄水位及死水位方案，进行径流调节、水能计算，用电力电量平衡确定水电站最大工作容量，分析、计算备用容量、重复容量，并初步确定装机容量。

（4）至此，第一轮计算结束。第二轮计算以第一轮初选结果为依据，再按前述三个步骤进行进一步的计算、比较、分析，选出合理的参数。如此循环，不断改进、逼近，经过几轮计算，最终将选出较精确合理的参数。

（5）对最终所选参数，需要进行敏感性分析，评价其稳定程度。同时，还要进行财务计算分析，以便说明所选参数在财务上实现的可能性。

水电站规划设计中选择参数的工作十分繁杂，计算工作量巨大，过去设计工作由手工完成，耗费人力、物力、财力，费时而设计质量难于提高。现在，计算机及其高新技术的普遍应用，对水能规划设计是一次革命，设计者普遍采用计算机完成径流调节、水能计算、电力电量平衡分析及经济分析计算等。

值得说明的是，本书介绍的是单一水电站水库参数选择，采用的方法大都是最基本的常规设计方法。目前，对水电站水库群应用系统工程的方法进行动能计算、参数优选等取得了一定的成果，但仍处在深入研究阶段。近几十年来，水资源系统的综合规划、利用及管理日趋复杂，水电站既是水利系统中的组成部分，又是电力系统中的组成部分，通过河流、电网及流域构成庞大而复杂的水电能源系统。对如此复杂的大系统进行有效的研究远非传统的常规方法所能解决，而系统科学提供了解决复杂大系统规划、设计、管理和运行的理论与方法。因此，必须引进系统科学的思想和方法，即根据国民经济发展以及水电能源的资源条件，遵照有关政策和方针，建立数学模型，采用系统科学方法求解模型，并对计算成果进行技术经济综合分析与评价，最终选择出水电能源系统最优开发方式、开发规模、开发顺序以及水电站水库的最优参数和优化运行策略等。

第七节　水电站水库调度图

一、水库调度的意义

所谓水库调度，也称水库控制运用，是管理和控制水库安全可靠运行、合理利用水资源、发挥水库综合效益的重要措施。本节主要介绍以发电为主的水库调度，即水电站水库调度。水电站水库调度是水电站长期经济运行的中心内容，是水电站及其水库长期运行计划的制定和实施的核心问题。水电站水库调度的目的在于利用水库的调蓄能力，在不能准确预知径流的条件下，妥善处理防洪与发电等兴利部门之间的矛盾、水电站工作的可靠性和经济性之间的矛盾、水电站电力电量供需之间的矛盾等，使水电站给电力系统提供尽可能多的容量和电量效益。

水电站水库调度的基本依据，是根据河川径流特性及电力系统和综合用水部门的要求，按水库调度之目的而编制的水库调度图。它综合反映了各部门的要求和调度原则，是指导水电站水库运行的工具。编制合理的水库调度图并按其指示的方式运行，是使水电站在国民经济中充分发挥效用的关键性工作。

由于水库调度是在难以准确预知未来径流的情况下进行的，故径流描述就成为预测未来径流变化的重要手段。河川径流本质上是一种连续随机过程，这是它的基本特性，其变化过程相当复杂，以至于很难准确地用数学描述。在实际工程中，常作适当的简化处理。在水电站的规划设计和运行调度中，广泛采用的方法有两类：时历法和统计法，以下主要介绍用时历法绘制水电站水库调度图。

二、水电站水库调度图的绘制

与径流调节一样，时历法是以过去实测径流变化过程资料来描述径流未来变化规律的方法，即以样本代表总体，显然不尽合理，但实测径流资料越长，其统计参数的代表性越强，则越接近径流未来的实际变化情况。因此，在实际工程中采用时历法描述径流也是可行的。

水库调度图是以时间为横坐标，以水库蓄水量或水位为纵坐标，由一些控制水库蓄水和供水的指示线所组成的曲线图，同时拟定水库在不同水位下的调度规则。只要根据各时刻水库的蓄水量或库水位，按调度图和调度规则，就可确定水库和水电站各时刻的工作情况，使之能满足各部门的要求，以获得较大的综合利用效益。制定水电站水库调度图的要求如下：

（1）在设计枯水年份，水电站能按保证出力工作，不使正常工作遭受破坏。

（2）遇平水年份、丰水年份，合理利用多余水量，多发电，少弃水，节约火电燃料。

（3）遇特枯年份时，尽量减轻水电站正常工作的破坏程度，减轻对国民经济造成的损失。

（4）尽可能满足各综合利用部门的要求；在多沙河流上要有利于排沙防淤；尽量为受淹没库区周边土地的利用创造条件。

本书以年调节水电站基本调度线的绘制为例说明水电站水库调度图的制作方法。

1. 基本调度线的绘制

调度图中控制水库蓄水和供水的指示线称为调度线。调度线按其重要性可分为基本调度线和附加调度线两类。基本调度线是指导水电站保证正常工作的指示线，包括上基本调度线（或称防破坏线）和下基本调度线（或称限制出力线），其余属附加调度线，包括加大出力线、降低出力线、防弃水线等。所有这些调度线又可划分为供水支和蓄水支两部分。至于满足水库防洪安全要求的防洪调度线，也是另一种基本调度线（防洪的）。

（1）典型年的选择。一般取年度供水期电站平均出力或调节流量满足设计保证率要求的年份为设计枯水年（设计典型年），可在供水期平均出力保证率曲线或供水期调节流量保证率曲线上求出与设计保证率相应的保证出力或调节流量，再在实际径流系列中选取供水期平均出力或调节流量与之相近、供水期的终止时刻基本相同的多个年份即为所求的典型年，并按设计枯水年进行水量修正。因供水期平均出力或调节流量接近设计值的年份往往有若干个，这些年份的年内径流过程不同，因而发同样保证出力的水库蓄水过程也不同，因此应选取若干个符合设计保证率的典型年来体现河川径流的多变性。

（2）供水期基本调度线的绘制。年调节水电站供水期的基本调度线，是要划出供水期的保证正常工作区。即在设计保证率以内的年份，在发出保证出力的前提下，尽量利用多余水量加大出力，使水电站在供水期末正好消落到死水位。即根据各年的天然来水量按保证出力，自供水期末死水位开始，逆时序逐时段进行水能计算，至供水期初止，求得各年供水期发保证出力时水库蓄水量（或水位）指示线。由于各年来水不同，为满足同一保证出力要求，水库的蓄水量也不同。对来水多的丰水年份，要求蓄水少，其蓄水量的指示线位置较低；反之，对来水较枯的年份其指示线位置较高，而每一条蓄水量指示线只能对相应的年份起指示作用。用同上的方法，对各典型年均按保证出力自供水期末死水位开始，逆时序进行水能计算至供水期初止，求得各年供水期的蓄水指示线，并绘在同一张图上，如图9-21所示。作出上包线 AB，即为上基本调度线（或防破坏线），作下包线 CD，即为下基本调度线（或限制出力线）。此上下基本调度线表示供水期内为保持水电站按保证出力工作，各时刻必须控制的水库最高与最低水位。

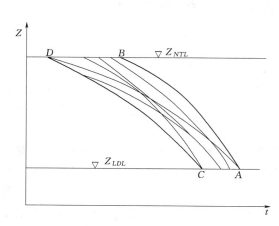

图9-21　供水期调度线

亦即为供水期正常工作的上、下界限制线。

如按图 9-21 中下包线 CD 作为限制出力线，当汛期到来较迟时，将引起正常工作的集中破坏。为此可将下包线的上端点 D 与上包线的下端点 A 连起来，作为修正后的下基本调度线 AD。

（3）蓄水期基本调度线的绘制。年调节水电站蓄水期的出力通常都大于供水期的保证出力。故蓄水期水电站水库调度是在保证正常工作和蓄满水库的前提下，尽量利用多余水量加大出力，增加发电量，提高经济效益。

蓄水期基本调度线与供水期的基本相同，即根据前面选出的若干典型年修正后的来水过程（但必须保证既能蓄满水库又能发出平均出力等于或大于供水期的保证出力的年份），找出这些年份蓄满水库的时刻。从该时刻正常高水位开始，按保证出力逆时序进行水能计算，直到水库水位降至死水位，得出各年发保证出力的蓄水指示线，作出其上、下包线 GH 和 FE，即得蓄水期上、下基本调度线，但 E 点必须包括供水期开始最迟的时刻，如图 9-22 所示。

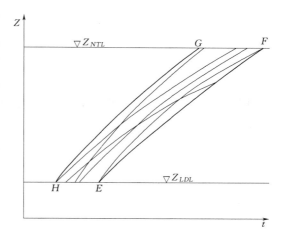

图 9-22 蓄水期调度线

以上给出了采用供水支和蓄水支分别绘制基本调度线的方法。但也可对所选的若干设计典型年自供水期末死水位开始，逆时序计算至供水期初，再接着算至蓄水期初回到死水位，得出各年全年发保证出力的连续蓄水指示线，取上、下包线即得上、下基本调度线。

（4）基本调度图。将供水期和蓄水期的基本调度线绘在一张图上即可得到全年的基本调度图，如图 9-23 所示。由该图可看出，在水库供水期末和蓄水最早开始之间有一段时间，即时刻 t_1 到 t_2 时段，水库不蓄不放保持死水位，水电站利用天然来水进行发电，其出力不小于保证出力，如来洪水，水库可以很快蓄满，这是当调节库容相对容积不大时常有的情况。

水电站基本调度图划分为 5 个主要区域：A 区为供水期保证出力区；B 区为蓄水期保证出力区，当水库水位在 A、B 两区域内时，水电站均按保证出力图工作；C 区为加大出力区，当库水位在此区内时，水电站加大出力工作；D、E 区分别为供水期和蓄水期减小出力区，当库水位降到此两区域内时，水电站应减小出力工作。

2. 加大出力和降低出力调度线

（1）加大出力调度线。年调节水电站在运行中，当天然来水量较丰，在 t_i 时刻水库实际水位比该时刻水库上基本调度线高出 ΔZ_i，如图 9-23 所示，则水电站应加大出力以充分利用多蓄的水量。但采用何种方式利用多余水量，需视其具体情况而定，一般而言可有如下三种方式：

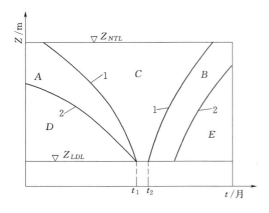

图 9-23 水库基本调度图
1—上基本调度图；2—下基本调度图

1）立即加大出力，使多余水量很快用掉，经过时段 Δt，水库水位又落到上基本调度线上，如图 9-24 中①线。这种方式出力不均匀，但当水电站容量占电力系统比重较小、水库相对库容较小时，则更能充分利用多余水量多发电，是比较有利的方式。特别是在河流天然流量变化较大，汛期中小洪水次数较多、时间很不稳定的情况下，采用这种方式更为有利。

2）后期集中加大出力，如图 9-24 中线②。这种方式出力也不均匀，但可使水电站在较长时期保持较高水头运行，使不蓄电能增大，较第一种方式多增加发电量。另一方面，如汛期提前来临，又可能增加弃水，损失发电量，故多适用于弃水机率较小的较大水库。

3）均匀加大出力，如图 9-24 中线③所示。这种方式增加出力均匀、时间较长，对火电站运行有利，也能充分利用多余水量，一般多采用此种方式。

当确定了利用多余水量加大出力的调度方式后，就可以用典型年法、图解分析法等绘出加大出力线。

（2）降低出力调度线。当遇特枯年份，天然来水很小，水电站仍按保证出力图工作，经过一段时间，水库水位将降落到下基本调度线以下，水量明显不足，水电站正常工作将遭受破坏。这种情况下，也有三种可能的调度方式。

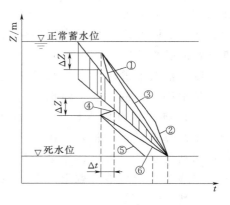

图 9-24 加大出力和降低出力的调度方式

1）水电站立即减小出力，如图 9-24 曲线④所示，使水库水位经过 Δt 时段后，很快回蓄到下基本调度线上，这样破坏时间较短。

2）水电站继续按保证出力图工作，直到死水位，如图 9-24 中⑤线，以后按天然流量工作。这种方式，如来水很小，将引起集中的严重破坏。

3）均匀减小出力直至供水期结束，如图 9-24 中⑥线。这种方式使正常工作均匀破坏，破坏程度较小，时间较长，系统补充容量较易。

降低出力调度线一般按第三种方式均匀减小出力绘制，同样可以用典型年法、图解分析法绘制降低出力线，与绘制加大出力线不同的是，要以限制出力线为边界条件。

将上述的加大出力和降低出力调度线，加绘于基本调度图上，即得水电站水库调度图，如图 9-25 所示。

根据图 9-25 可以指导水电站运行，即由各时刻水库水位定出所处的工作区域，水电站就按该工作区域规定的出力工作。这是根据过去实测径流资料按设计保证出力计算的区域。

但在实际运行中还必须根据当时的来水情况进行修正，使之接近实际，并与电力系统其他水、火电站统一调度，充分利用水能，使系统增加供电可靠性且获得更大的经济效益。

三、调度图的应用

将上述所介绍的水库基本调度线、加大出力和降低出力调度线及防洪调度线综合绘在一张图上，即得水电站水库调度全图。全图一般包括 $A \sim F$ 的 5 个区域，图 9-26 为一年调节水电站水库调度全图。$A \sim F$ 区的含义如下：

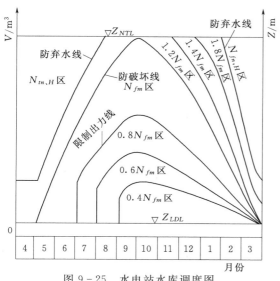

图 9-25　水电站水库调度图

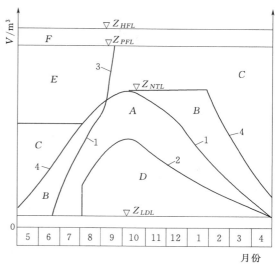

图 9-26　水电站水库调度全图

1—防破坏线；2—限制出力线；3—防洪调度线；

4—防弃水线

A 区为保证出力区。实际蓄水位落到此区，水电站按保证出力工作；

B 区为加大出力区。实际蓄水位落到此区，水电站按加大出力调度线的出力工作；

C 区为装机容量工作区或全出力工作区。实际蓄水位落在此区，为减少弃水，水电站应全出力工作；

D 区为限制出力区。实际蓄水位落到此区，可按降低出力调度线的出力工作；

E 区和 F 区为防洪限制区。实际蓄水位落在此区，表明出现了大洪水，应开启闸门泄洪。当蓄水位在 E 区时，可按正常泄量（或安全泄量）下泄；当蓄水位到 F 区（防洪超高区）时，表明出现了非常（或校核）洪水，应开全部泄洪闸门畅泄，以保大坝安全。

由于水库调度图是根据历史水文资料绘制而得，难以包括将来出现的各种径流状况，故应结合水文预报指导水库实时调度。水库调度图一般还可供以下几方面的应用：①复核水电站的设计保证率、多年平均发电量等；②结合中长期径流预报编制水电站的年运行计划；③通过与调度图操作对比，检验优化调度结果的合理性。

应用调度图计算的方法有按时段初水位控制和按时段末水位控制两种。按时段初控制方法不考虑面临时段的径流预报，水库放水决策由时段初水库蓄水位按调度图指示值决定；按时段末水位控制方法刚好相反，在考虑面临时段预报值的基础上，结合调度图进行试算确定决策值和时段末水位。

第十章 水库防洪计算

第一节 水库防洪问题概述

一、防洪措施简介

防洪是一项长期艰巨的工作。目前解决洪水问题，一般都趋向于采取综合治理的方针，合理安排蓄、泄、滞、分的措施。防洪措施是指防止或减轻洪水灾害损失的各种手段和对策，它包括防洪工程措施和防洪非工程措施。

1. 防洪工程措施

防洪工程措施指为控制和抗御洪水以减免洪水灾害损失而修建的各种工程措施，主要包括堤防与防洪墙、分蓄洪工程、河道整治工程、水库等。

（1）修筑堤防。堤防是古今中外最广泛采用的一种防洪工程措施，这一措施对防御常遇洪水较为经济，容易实行。沿河筑堤，束水行洪，可提高河道宣泄洪水的能力。但是筑堤也会带来一些负面的影响，筑堤后，可能增加河道泥沙淤积，抬高河床，恶化防洪情势，使洪水位逐年提高，堤防需要经常加高加厚；对于超过堤防防洪标准的洪水而言，还可能造成洪水漫堤和溃决，与未修堤时发生这种超标准的洪水自然泛滥的情形相比，溃堤造成的洪水灾害损失将更大。

（2）河道整治。河道整治是流域综合开发中的一项综合性工程措施。可根据防洪、航运、供水等方面的要求及天然河道的演变规律，合理进行河道的局部整治。从防洪意义上讲，靠河道整治提高全河道（或较长的河段）泄洪能力一般是很不经济的，但对提高局部河道泄洪能力、稳定河势、护滩保堤作用较大。例如，对河流天然弯道裁弯取直，可缩短河线，增大水面比降，提高河道过水能力，并对上游临近河段起拉低其洪水位的作用；对局部河段采取扩宽或挖深河槽的措施，可扩大河道过水断面，相应地增加其过水能力。

（3）开辟分洪道和分蓄洪工程。在适当地点开辟分洪道行洪，可将超出河道安全泄量的峰部流量绕过重点保护河段后回归原河流或分流入其他河流。分洪道的作用是提高其临近的下游重点保护河段的防洪标准。但应分析研究分洪道对沿程及其承泄区可能产生的不良影响，不能造成将一个地区（河段）的洪水问题转移到另一个地区的后果。分蓄洪工程则是利用天然洼地、湖泊或沿河地势平缓的洪泛区，加修周边围堤、进洪口门和排洪设施等工程措施而形成分蓄洪区。其防洪功能是分洪削峰，并利用分蓄洪区的容积对所分流的洪量起蓄、滞作用。分蓄洪区只在出现大洪水时才应急使用。对于分洪口门下游临近的重点保护河段而言，启用分蓄洪区可承纳河道的超额洪量，提高该重点保护河段的防洪标准。分蓄洪区内一般土地肥沃，而我国人多地少，许多分蓄洪区已形成区内经济过度开发、人口众多的局面，这将导致分洪损失恶性膨胀的严重后果。因此，必须在分蓄洪区内研究采用防洪非工程措施，以确保区内居民可靠避洪或安全撤离，减小分洪损失。

（4）水库拦洪。水库是水资源开发利用的一项重要的综合性工程措施，其防洪作用比较显著。在河流上兴建水库，使进入水库的洪水经水库拦蓄和阻滞作用之后，自水库泄入下游河道的洪水过程大大展平，洪峰被削减，从而达到防止或减轻下游洪水灾害的目的。防洪规划中常利用有利地形合理布置干支流水库，共同对洪水起有效的控制作用。

（5）水土保持。水土保持也可归类于防洪工程措施，它有一定的蓄水、拦沙、减轻洪患的作用。其方法除包括一般的植树、种草等水土保持措施外，还包括在小河上修筑挡沙坝、梯级坝等。

综上所述，防洪工程措施通过对洪水的蓄、泄、滞、分，起到防洪减灾的效果。这种减灾效果包括两方面：其一是提高了江河抗御洪水的能力，减少了洪灾的出现频率；其二是出现超防洪标准的大洪水时，虽不能避免产生洪水灾害，但可在一定程度上减轻洪灾损失。必须强调指出，由于受自然、技术、经济等条件的限制，不能设想可以完全由防洪工程措施来实现对洪水的控制。即是说，防洪工程措施只能减轻洪灾损失，而不可能根除洪灾。

2. 防洪非工程措施

防洪非工程措施是指为了减少洪泛区洪水灾害损失，采取颁布和实施法令、政策及防洪工程以外的技术手段等方面的措施。如洪泛区管理、避洪安全设施、洪水预报与警报、安全撤离计划、洪水保险等均属于防洪非工程措施。

（1）洪泛区管理。洪泛区管理是减轻洪灾损失的一项重要的措施。根据我国的国情，这里所指的洪泛区主要是分蓄洪区（包括滞洪区及为特大洪水防洪预案安排出路涉及的行洪范围），而不是泛指江河的洪泛平原。必须通过政府颁布法令及政策加强对洪泛区的管理，以实现对洪泛区进行有计划的、合理的，而不是盲目的开发利用。我国人多地少，洪泛区呈现的过度开发的趋势有增无减，必须对这种不合理开发的现状通过制定政策及下达法令予以限制和调整。如有的国家采用调整税率的政策，对不合理开发的区域征收较高的税率。

（2）建立洪水预报和洪水警报系统。建立洪水预报和洪水警报系统是防洪减灾的有效技术手段。利用水情自动测报系统自动采集和传输雨情、水情信息，及时作出洪水预报；利用洪水预报的预见期，配合洪水调度及洪水演算，预见将出现的分洪、行洪灾情，在洪水来临之前，及时发出洪水警报，以便分洪区居民安全转移。洪水预报越精确，预报预见期越长，减轻洪灾损失的作用越大。

（3）洪水保险。洪水保险作为一项防洪非工程措施主要是由于它有助于洪泛区的管理，对防洪减灾在一定程度上起有利的作用。洪水灾害的发生情况是小洪水年份不出现洪灾，而一旦发生特大洪水，灾区将蒙受惨重的损失，国家也不得不为此突发性灾害付出巨额的救济资金。实行洪水保险是指，洪泛区内的单位和居民必须为洪灾投保，每年支付一定的年保险费，若发生洪灾，可用积累的保险费赔偿投保者的洪灾损失。显然，洪水保险对防洪事业具有积极意义，其一表现在它将极不规则的洪灾损失的时序分布，转化为均匀支付的年保险费，从而减小突发性洪灾对国民经济和灾区的严重冲击和不利影响；其二是配合洪泛区管理，对具有不同洪灾风险的区域规定交纳不同的洪水保险费，与调节洪泛区内不同区域的纳税率的政策相似，可以借助于洪水保险对洪泛区的合理利用起促进作用。此项措施在我国目前还处于研究和准备试行阶段。

二、水库防洪计算的任务

有调节能力的水库在作水利水能计算的同时，还要作防洪计算。水库防洪设计分两种情况。

一种为水库下游无防洪要求。有的水库下游没有重要的防护对象，因此下游对水库无防洪要求；有的水库下游虽有防护对象，但水库控制流域面积太小或本身库容很小，难以担负下游防洪任务。这种情况的防洪计算比较简单，水库主要考虑本身的安全，一般只要对坝高和泄洪建筑物规模进行比较和选择。若泄洪建筑物规模大些，水库可多泄少蓄，所需调洪库容较小，坝可修得低一些；反之，若泄洪建筑物规模小些，坝就要修得高一些。

另一种为水库下游有防洪要求。当水库下游对水库有防洪要求时，水库除担负本身的防洪任务外，还应考虑下游的防洪任务。如果下游防洪标准和河道允许泄量均已确定，则应首先对下游防洪标准的设计洪水，在满足下游防洪要求的情况下进行调节计算，求水库的防洪高水位，然后再对相应于大坝设计标准的设计洪水进行调节计算。在计算过程中，在水库水位达到防洪高水位前，应满足下游防洪要求，在水位超过防洪高水位后，为了大坝本身安全则应全力泄洪。据此，通过方案比较可选择坝高和泄洪建筑物的规模。如果下游防洪标准和河道允许泄量均未定，则应配合下游防洪规划综合比较水库、堤防、分洪、蓄洪、河道整治等各种可能措施及其互相配合的可能性，统一分析防洪和兴利，上游和下游的矛盾，通过综合比较，合理确定下游防洪标准和河道允许泄量，以及水库和泄洪建筑物的规模。

水库防洪计算的主要内容有以下几项。

1. 搜集基本资料

根据规范确定防护对象的防护标准，搜集所需基本资料，包括：①设计洪水过程线，如与大坝设计标准相应的设计洪水过程线和与校核标准相应的校核洪水过程线。当下游有防护要求时，尚需与下游防洪标准相应的设计洪水过程线，坝址至下游防护区的区间设计洪水过程线，上下游洪水遭遇组合方案或分析资料；②库容曲线；③防洪计算有关经济资料。

2. 拟定比较方案

根据地形、地质、建筑材料、施工设备条件等，拟定泄洪建筑物型式、规模及组合方案，初步确定溢洪道、隧道、底孔的型式、位置、尺寸、堰顶高程和底孔进口高程等，同时还需拟定几种可能的水库防洪限制水位（起调水位），并通过水力学计算，推求各方案的溢洪道及泄洪底孔的泄洪能力曲线。

3. 拟定合理的水库防洪运行方式

例如按最大泄洪能力下泄，控制不超过安全泄量下泄，根据不同防洪标准分级调节，考虑区间来水进行补偿调节，考虑预报预泄等。有时在一次洪水调节计算中需根据防洪任务分别采用几种运行方式。

4. 推求水库水位和最大泄量

通过调洪演算确定各种防洪标准的库容和相应水库水位，以及最大下泄流量。如设计洪水位及相应最大泄量，校核洪水位及相应最大泄量，当下游有防洪要求时，还应推求防洪高水位等。

5. 投资和效益分析

根据上述求得的各种水库水位和相应下泄量，计算各方案的大坝造价，上游淹没损失，泄洪建筑物投资，下游堤防造价，下游受淹的经济损失及各方案所能获得的防洪效益等，进行综合比较和分析。

6. 选择参数

通过各方案的经济比较和综合分析，从而选择技术上可行，经济上合理的水库泄洪建筑物及下游防洪工程的规模和有关参数。

第二节　水库调洪演算的基本原理及方法

一、水库防洪的作用

水库之所以能防洪调洪，是因为它设有调节库容。当入库洪水较大时，为使下游地区不遭受洪灾，可临时将部分洪水拦蓄在水库之中，等洪峰过后再将其放出，这就是水库的调洪作用。现在通过图 10-1 来看一次洪水的调节过程。

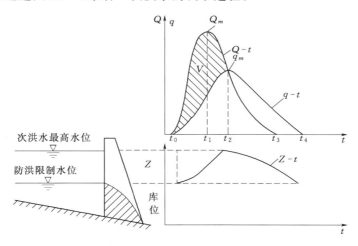

图 10-1　水库调洪示意图

为便于说明，假定水库溢洪道无闸门控制，水库防洪限制水位与溢洪道堰顶高程齐平。图中 $Q-t$ 为入库流量过程，$q-t$ 为出库流量过程，$Z-t$ 为水库水位变化过程。

t_0 时刻，Z_0 为防洪限制水位，$q_0=0$。随后入流增大，水库水位被迫上升，溢洪道开始溢流，q 随水位升高而逐渐增大。t_1 为入库洪峰出现时间，t_1 以后入流虽然减小，但仍大于下泄流量，因而水库水位继续抬高，下泄量不断加大，一直到 t_2 时刻，$Q=q$ 时水库出现最高水位和最大泄量。此后，由于入流小于出流，水位便逐渐下降，下泄流量亦随之减小，直至 t_4 时刻，水库回到防洪限制水位，本次洪水调节完毕。图中阴影面积 V 是本次洪水拦蓄在水库中的水量，这部分水量在 $t_2\sim t_4$ 期间逐渐放出。例如河南薄山水库在"75·8"特大洪水中，入库洪峰为 10200m³/s，最大下泄流量仅为 1600m³/s，入库洪水总量为 4.28 亿 m^3，水库拦蓄洪水高达 3.56 亿 m^3，可见水库的调节作用是非常明显的。

二、水库调洪演算的基本原理

由水量平衡原理可知，在某一时段内（$\Delta t = t_2 - t_1$），进入水库的水量与水库下泄水量之差，应等于该时段内水库蓄水量的变化值，如图 10-2 所示，用数学式表示为

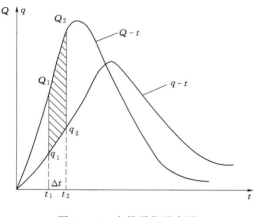

$$\frac{Q_1 + Q_2}{2}\Delta t - \frac{q_1 + q_2}{2}\Delta t = V_2 - V_1$$

$$(10-1)$$

式中：Q_1、q_1 分别为时段初入库、出库流量，m^3/s；Q_2、q_2 分别为时段末入库、出库流量，m^3/s；V_1、V_2 分别为时段初、时段末水库蓄水量，m^3。

一般情况下，入库洪水过程 $Q-t$ 为已知，及式（10-1）中 Q_1、Q_2 为已知数，Δt 可根据计算精度要求选定，时段初下泄流量 q_1 和水库蓄水量 V_1 由前一段求得，在式（10-1）中亦为已知数，因此只有 q_2、V_2

图 10-2 水量平衡示意图

是未知数，但是一个方程不能确定两个未知数，还需要一个方程。在无闸门控制的情况下，水库下泄量 q 和蓄水量 V（或水库水位 Z）是单一函数关系，即一个 V 值（或 Z 值）对应一个 q 值，如用公式表示可写成：

$$q = f(V)$$

或

$$q = f_1(Z) \qquad (10-2)$$

于是联解式（10-1）、式（10-2）便可求得 q_2、V_2。

这里，具体说明一下 q 和 V 的关系。在无闸门控制或闸门全开的情况下，表面溢洪道与有压底孔的泄流公式分别为

溢洪道泄流公式

$$q' = \varepsilon m \sqrt{2g} B h_1^{\frac{3}{2}} \qquad (10-3)$$

底孔泄流公式

$$q'' = \mu \omega \sqrt{2g h_2} \qquad (10-4)$$

式中：ε 为侧向收缩系数；m 为流量系数；B 为溢洪道净宽，m；h_1 为堰顶水头，m，$h_1 = Z - Z_{堰顶}$；ω 为底孔断面面积，m^3；μ 为流量系数；h_2 为孔中心以上水头，m，$h_2 = Z - Z_{孔中心}$。

在泄洪建筑物型式、尺寸已定的情况下，式中 ε、m、μ 可由水力学手册查得，因而泄洪道和底孔的泄流量都是水位（或库容）的单值函数，总下泄量必定也是水位（或库容）的单值函数。所以假定不同的水位，便可求得：$q = f(V)$ 或 $q = f_1(Z)$ 关系曲线。如图 10-3 中的 $Z-q$ 曲线。

三、水库调洪演算方法

一般所谓水库调洪演算，就是逐时段联解式（10-1）和式（10-2）两个方程，即

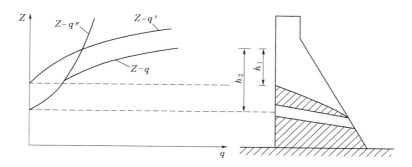

图 10-3 泄洪建筑物水力特征示意图

$$\begin{cases} \dfrac{Q_1+Q_2}{2}\Delta t - \dfrac{q_1+q_2}{2}\Delta t = V_2 - V_1 \\ q = f(V) \end{cases}$$

解这两个方程的具体方法非常之多，主要应用有两种，一是试算法，另外一种比较简单的就是半图解法。

1. 试算法

对于某一计算时段来说，式（10-1）中的 Q_1、Q_2 及 q_1、V_1 为已知，q_2、V_2 为未知。因此，如果假定一个时段末水库蓄水量 V_2，即可由式（10-1）求得相应时段末出流量 q_2。同时由假定的 V_2 根据式（10-2）的 $q=f(V)$ 关系可查出 q_2'，如果 $q_2=q_2'$，则 V_2、q_2 即为所求，否则重新假定 V_2，直至 $q_2=q_2'$ 为止。因第一时段的 V_2、q_2 为第二时段的 V_1、q_1，于是可连续进行计算，图 10-4 为单时段试算程序框图。

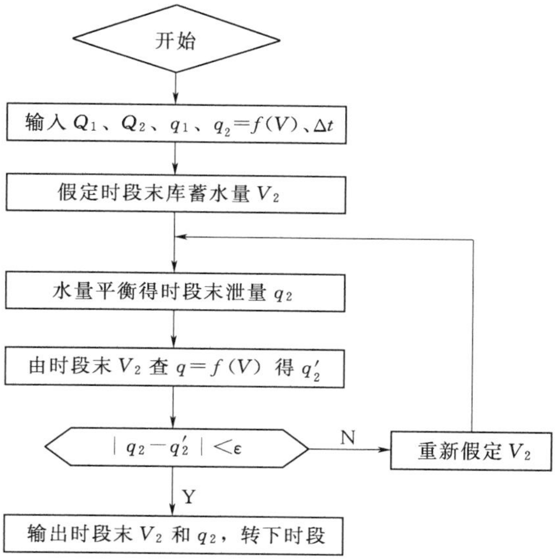

2. 半图解法

半图解法为避免试算，可先将式（10-1）改写成

$$\left(\frac{V_1}{\Delta t}+\frac{q_1}{2}\right)+\overline{Q}-q_1=\frac{V_2}{\Delta t}+\frac{q_2}{2}$$

$$(10-5)$$

式中：$\overline{Q}$ 为时段平均入流，$\overline{Q}=\dfrac{Q_1+Q_2}{2}$。

```
     ┌──────────┐
     │   开始    │
     └──────────┘
          │
┌────────────────────────────┐
│ 输入 Q₁、Q₂、q₁、q₂=f(V)、Δt │
└────────────────────────────┘
          │
┌──────────────────────┐
│ 假定时段末库蓄水量 V₂  │
└──────────────────────┘
          │
┌──────────────────────┐
│ 水量平衡得时段末泄量 q₂ │
└──────────────────────┘
          │
┌─────────────────────────┐
│ 由时段末 V₂ 查 q=f(V) 得 q₂′ │
└─────────────────────────┘
          │
     ┌──────────┐   N   ┌────────────┐
     │ |q₂-q₂′|<ε │─────→│ 重新假定 V₂ │
     └──────────┘       └────────────┘
          │ Y
┌──────────────────────────┐
│ 输出时段末 V₂ 和 q₂，转下时段 │
└──────────────────────────┘
```

图 10-4 水库调洪演算试算法程序框图

式（10-5）右端项如果利用式（10-2）代入，显然可化为 q 的函数，也就是说，可以事先绘制 $q-\left(\dfrac{V}{\Delta t}+\dfrac{q}{2}\right)$ 关系曲线，此线被称为调洪演算工作曲线，由于式（10-5）中左边各项均为已知数，因此右端两项之和 $\dfrac{V_2}{\Delta t}+\dfrac{q_2}{2}$ 的总数也就可求出，于是根据 $\dfrac{V_2}{\Delta t}+\dfrac{q_2}{2}$ 值，

通过刚才已作出的曲线 $\left(\dfrac{V}{\Delta t}+\dfrac{q}{2}\right)-q$ 便可查出 q_2。因第一时段 V_2、q_2 即为第二时段 V_1、q_1，于是可重复以上步骤连续进行计算。

【例 10 - 1】 已知某水库泄洪建筑物的形式和尺寸已定，溢洪堰设有闸门控制。水库的运行方式是在洪水来临时，先用闸门控制，使水库泄流量等于入库流量，水库保持汛期防洪限制水位（38m）不变。随着入库流量继续增大，闸门逐渐开启直至达到全部开启，水库泄流 q 随库水位的升高而加大，闸门全部开启后的流态为自由泄流。已知堰顶高程为36m，水库容积曲线 $V=f(Z)$ 如表 10 - 1 中第 1、2 行所列；并根据泄洪建筑物形式和尺寸，计算水位和下泄量关系曲线 $q=f(Z)$，如表 10 - 2 中第 1、3 行所列。已知设计洪水过程如表 10 - 2 中（1）、（2）栏中所示。

表 10 - 1　　　　　　　　　　　水库水位、库容、下泄流量关系表

Z/m	36.0	36.5	37.0	37.5	38.0	38.5	39.0	39.5	40.0	40.5
$V/10^4\,m^3$	4330	4800	5310	5860	6450	7080	7760	8540	9420	10250
$q/(m^3/s)$	0	22.5	55	105	173.9	267.2	378.3	501.9	638.9	786.1

表 10 - 2　　　　　　　　　　　调洪计算列表试算法

时间 t/h	入库洪水流量 Q /(m³/s)	时段平均入库流量 $\overline{Q}$ /(m³/s)	下泄流量 q /(m³/s)	时段平均下泄流量 $\overline{q}$ /(m³/s)	时段内水库存水量变化 ΔV /万 m³	水库存水量 V /万 m³	水库水位 Z /m
(1)	(2)	(3)	(4)	(5)	(6)	(7)	(8)
18	<u>174</u>		<u>174</u>			<u>6450</u>	<u>38.0</u>
		257		180.5	83		
21	340		187			6533	38.1
		595		224.5	400		
24	850		262			6933	38.4
		1385		343.5	1125		
27	1920		425			8058	39.2
		1685		522.5	1256		
30	1450		620			9314	39.9
		1280		677.0	651		
33	1110		734			9965	40.3
		1005		757.5	267		
36	<u>900</u>		781			10232	40.5
		830		785.5	48		
39	<u>760</u>		790			10280	40.51
		685		781.0	−104		
42	<u>610</u>		772			10176	40.4
		535		751.5	−234		
45	<u>460</u>		731			9942	40.3
		410		702.5	−316		
48	<u>360</u>		674			9626	40.1
		325		645.5	−346		
51	<u>290</u>		617			9280	39.9

注　表中数字下有横线者为初始已知值；$\Delta V_{max}=(\overline{Q}-\overline{q})\Delta t$。

解：1）将已知入库设计洪水过程线列入表中的第（1）、（2）栏，取计算时段 $\Delta t = 3\mathrm{h} = 10800\mathrm{s}$，计算时段平均入库流量，列入表 10-2 中（3）栏。

2）计算时段初水库上游水位为防洪限制水位 $Z_{限} = 38.0\mathrm{m}$，根据表 10-1 中所列可知闸门全开时相应的 $q = 173.9\mathrm{m^3/s}$。

3）在第 18h 以前，入库流量 Q 均小于 $173.9\mathrm{m^3/s}$，水库按 $q = Q$ 泄流。水库不蓄水，无需进行调洪计算。从第 18h 起，Q 开始大于 $173.9\mathrm{m^3/s}$，以第 18h 为开始调洪计算的时刻，此时初始的 q_1 即为 $173.9\mathrm{m^3/s}$，而初始的 V_1 为 $6450 \times 10^4 \mathrm{m^3}$。然后，按水量平衡方程进行试算，将试算结果列入表 10-2 中相应时段的第（4）栏，并计算时段平均下泄流量列入表 10-2 中的第（5）栏。

4）由表 10-2 可见，在第 36h，水库水位 $Z = 40.50\mathrm{m}$、水库蓄水量 $V = 10232 \times 10^4 \mathrm{m}$，$Q = 900\mathrm{m^3/s}$，$q = 781\mathrm{m^3/s}$；而在第 39h，$Z = 40.51\mathrm{m}$，$V = 10280 \times 10^4 \mathrm{m}$、$Q = 760\mathrm{m^3/s}$，$q = 790\mathrm{m^3/s}$。按前述水库调洪原理，当 $q_{\max}$ 出现时，一定是 $q = Q$，此时 Z、V 均达最大值。显然，$q_{\max}$ 将出现在第 36h 与第 39h 之间，在表中并未算出。通过进一步试算，在第 38h 16min 处，可得出 $q_{\max} = Q = 795\mathrm{m^3/s}$，$Z_{\max} = 40.52\mathrm{m}$，$V_{\max} = 10290 \times 10^4 \mathrm{m}$。

水库调洪演算结果如表 10-2 所示，水库入库洪水过程与出库洪水过程对比如图 10-5 所示，水库水位变化过程如图 10-6 所示。

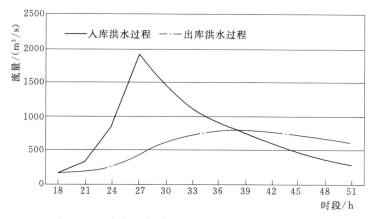

图 10-5　水库入库洪水过程与出库洪水过程对比图

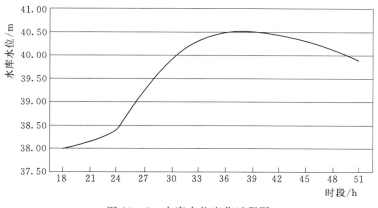

图 10-6　水库水位变化过程图

了解以上试算过程后，如果借助计算机将会很快得出计算结果。

必须注意到前面介绍水库调洪计算时，采用了泄水建筑物泄流能力曲线来反映水库出流量与水库蓄水量的函数关系。工程实践中，对于存在闸门开度控制较复杂的调洪情况，可以根据防洪要求，从拟定水库泄洪方式入手，研究确定一种合理的开闸程序，包括启用闸门和变动开度的操作过程，以实现所拟定泄洪方式的泄流过程。

第三节　水　库　防　洪　计　算

一、水库溢洪道规模的确定

水库防洪计算的主要内容，是根据设计洪水，推求防洪库容和选择溢洪道尺寸。

水库泄洪建筑物的型式主要有底孔、溢洪道和泄洪隧洞三种。底孔可位于不同高程，可结合用以兴利放水、排水、放空，一般都设有闸门控制。底孔的缺点是造价高，操作管理不便，泄洪能力小。泄洪隧洞的性能与泄洪孔类似。溢洪道的特点则不同，其泄洪量大，操作管理方便，易于排泄冰凌和漂浮物。溢洪道可以设闸门加以控制也可无闸门控制。小型水库为节省工程投资，多数采用无闸门控制溢洪道。大中型水库为了提高防洪操作的灵活性，增加工程综合效益，特别是当下游有防洪要求时，多采用有闸门控制。无闸门控制溢洪道堰顶高程一般采用与正常蓄水位齐平。有闸门控制溢洪道，往往正常蓄水位与溢洪道闸门顶高一致。溢洪道宽度和堰顶高程，通常与坝址地形及下游地质条件所允许的最大单宽泄量有关，一般通过技术经济比较确定。

1. 水库下游无防洪要求

水库下游无防洪要求的计算程序是：

（1）假定不同溢洪道宽度方案 B_1、B_2、……。

（2）根据大坝设计洪水分别对各宽度方案用上述调洪演算方法求相应防洪库容 V_1、V_2、……和最大泄量 q_{m1}、q_{m2}、……。

（3）然后点绘 $B-V$ 和 $B-q_m$ 关系线，如图 10-7（a）所示，图中关系线表明，在其余条件相同的情况下，B 越大，下泄流量越大，防洪库容越小。

（4）设溢洪道和效能设施的造价及管理维修费为 S_B，大坝造价和淹没损失及管道维修费为 S_V，下游堤防维修费为 S_D，则总费用 $S = S_B + S_V + S_B$，它们与 B 的关系如图 10-7（b）所示，那么由总费用最小点 $S_{\min}$ 便可查得最佳溢洪道宽度 B_P 和相应防洪库容 V_P。

2. 水库担负下游防洪任务

当水库担负下游防洪任务时，防洪标准一般有两种，即下游防护对象的防洪标准 P_1 和大坝（水库）防洪标准 P_2（水库防洪标准 P_2 一般均高于下游防洪标准 P_1），下游防护要求通常以某断面允许达到的泄量 $q_安$（或水位）来反映。下游有防洪要求与无防洪要求不同之处主要有两点：

（1）要考虑 $q_安$ 的限制。

（2）要分别对两种设计标准（下游防洪标准和大坝防洪标准）的洪水进行调洪演算，具体计算程序和经济比较方法与上述基本相同。

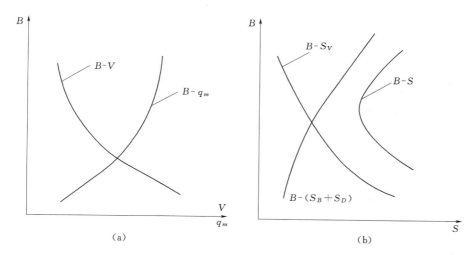

图 10-7　溢洪道防洪计算各参数曲线

(a) $B-V$ 与 $B-q_m$ 曲线；(b) 费用曲线

二、水库防洪多级调节

由于下游防护对象的防洪标准和水库防洪设计标准及校核标准不一致，水库泄洪方式又随防洪标准有所不同，在不能确知未来洪水大小的情况下，只能先按最低标准控制下泄，当肯定本次洪水超过较低标准时，再按较高标准控制下泄，这样由低到高分级控制泄洪，称为防洪多级调节。防洪多级调节是在不考虑预报的情况下，尽量满足不同防洪标准要求，处理各种洪水的一种调节方式。

本节着重讨论有闸门情况下，水库担负下游防洪任务时，不同设计标准的洪水的多级调节方法。

闸门在全开的情况下，水库蓄水位所对应的泄量，称为该水位的下泄能力。显然，通过改变闸门的开度，可以使水库下泄量小于下泄能力，但任何时候水库的下泄量绝不能超过溢洪设备的下泄能力。

假如下游防洪标准为 P_1，下游要求凡发生小于 P_1 的洪水，水库下泄流量不得超过 $q_安$，超过下游防洪标准的洪水，水库泄流可不受 $q_安$ 的限制。此时，为了大坝本身的安全，应尽量下泄，以降低库水位，这说明不同标准的洪水，水库下泄方式是不一样的。但是怎样判别水库当时所发生洪水的大小呢？一般可根据库水位、入库流量、流域降雨量等指标进行判别。为便于讨论，这里假定以常用的库水位作为判别指标，具体方法如下所述。

1. 对下游防洪标准 P_1 的设计洪水过程进行调节计算

开始尽量维持防洪限制水位 [见图 10-8 (a) 中 $0 \rightarrow t_1$]。当入库流量大于防洪限制水位相应的下泄能力时，按下泄能力下泄 [见图 10-8 (a) 中 $t_1 \rightarrow t_2$]，此时下泄能力随水库水位上升而加大。当下泄能力超过 $q_安$ 时，为满足下游防洪要求，应控制泄流，使水库下泄流量不超过 $q_安$ [见图 10-8 (a) 中 $t_2 \rightarrow t_3$]。于是可求得所需防洪库容 V_{P_1} 及水库防洪高水位。此水位为今后判别所发生洪水是否超过 P_1 的指标。

2. 对水库设计标准 P_2 的设计洪水过程进行调节计算

按多级调节方法求水库设计洪水步骤如下：设大坝设计防洪标准为 P_2，其设计洪水

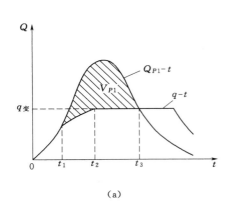
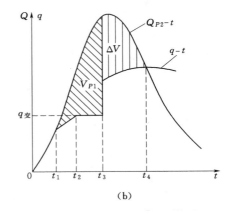

图 10-8　水库防洪多级调节示意图

过程线如图 10-8 (b) 中 $Q_{P_2}-t$ 所示。在不考虑洪水预报时，是否发生大坝设计洪水，事先不能预知。因此，开始仍应使水库出流 q 等于入流 Q，尽量使水库维持在防洪限制水位［见图 10-8 (b) 中 $0 \to t_1$］，当入流大于防洪限制水位相应下泄能力时，只能按泄洪设备的下泄能力泄流［见图 10-8 (b) 中 $t_1 \to t_2$］。当下泄能力超过 $q_安$ 时，先控制下泄，使其不超过 $q_安$［见图 10-8 (b) 中 $t_2 \to t_3$］。当库水位达到防洪高水位（即蓄洪量达到 V_{P_1}）时，如果入库流量仍较大，说明该次洪水已超过下游设计标准 P_1，此时，为了大坝本身的安全，应将闸门打开全力泄洪［见图 10-8 (b) 中 t_3 时刻］。因此，对水库设计标准洪水所需设计拦洪库容为 V_{P_1} 与 ΔV 之和，即 $V_{P_2} = V_{P_1} + \Delta V$，由此可求得水库设计洪水位。

3. 对水库校核标准 P_3 的设计洪水过程进行调节计算

水库校核标准为非常运用标准，在一定的条件下需要启用非常泄洪设施，调节计算方法与设计标准的洪水相似，差别在于在拦洪库容装满后，在一定的条件下，加入非常泄洪设施的泄流能力，最后得校核洪水位和调洪库容。

水库防洪的多级调节方法，在生产实践中具有现实意义。由于长期精确的洪水过程预报并非易事，为了避免出现中小洪水时，水库操作不当容易造成人为洪水，引起下游防汛的紧张，故一般应采用分级调洪的方法。即把洪水分为寻常洪水、下游标准设计洪水、大坝安全设计洪水以及非常校核洪水等几级，水库下游按防护对象不同亦可分数级。这样依次进行分级调节，在没有可靠情报的条件下，可一定程度上实现大水大放，小水小放的原则，避免在中小洪水时，人为地加重下游防汛负担或农田排涝的困难。

附　　表

　　　　　　　　　　　P-Ⅲ型频率曲线的离均系数 Φ_P 值表

$P/\%$ C_s	0.01	0.1	0.2	0.33	0.5	1	2	5	10	20	50	75	90	95	99	$P/\%$ C_s
0.0	3.72	3.09	2.88	2.71	2.58	2.33	2.05	1.64	1.28	0.84	0.00	−0.67	−1.28	−1.64	−2.33	0.0
0.1	3.94	3.23	3.00	2.82	2.67	2.40	2.11	1.67	1.29	0.84	−0.02	−0.68	−1.27	−1.62	−2.25	0.1
0.2	4.16	3.38	3.12	2.92	2.76	2.47	2.16	1.70	1.30	0.83	−0.03	−0.69	−1.26	−1.59	−2.18	0.2
0.3	4.38	3.52	3.24	3.03	2.86	2.54	2.21	1.73	1.31	0.82	−0.05	−0.70	−1.24	−0.02	−2.10	0.3
0.4	4.61	3.67	3.36	3.14	2.95	2.62	2.26	1.75	1.32	0.82	−0.07	−0.71	−1.23	−0.02	−2.03	0.4
0.5	4.83	3.81	3.48	3.25	3.04	2.68	2.31	1.77	1.32	0.81	−0.08	−0.71	−1.22	−1.49	−1.96	0.5
0.6	5.05	3.96	3.60	3.35	3.13	2.75	2.35	1.80	1.33	0.80	−0.10	−0.72	−1.20	−1.45	−1.88	0.6
0.7	5.28	4.10	3.72	3.45	3.22	2.82	2.40	1.82	1.33	0.79	−0.12	−0.72	−1.18	−1.42	−1.81	0.7
0.8	5.50	4.24	3.85	3.55	3.31	2.89	2.45	1.84	1.34	0.78	−0.13	−0.73	−1.17	−1.38	−1.74	0.8
0.9	5.73	4.39	3.97	3.65	3.40	2.96	2.50	1.86	1.34	0.77	−0.15	−0.73	−1.15	−1.35	−1.66	0.9
1.0	5.96	4.53	4.09	3.76	3.49	3.02	2.54	1.88	1.34	0.76	−0.16	−0.73	−1.13	−1.32	−1.59	1.0
1.1	6.18	4.67	4.20	3.86	3.58	3.09	2.58	1.89	1.34	0.74	−0.18	−0.74	−1.10	−1.28	−1.52	1.1
1.2	6.41	4.81	4.32	3.95	3.66	3.15	2.62	1.91	1.34	0.73	−0.19	−0.74	−1.08	−1.24	−1.45	1.2
1.3	6.64	4.95	4.44	4.05	3.74	3.21	2.67	1.92	1.34	0.72	−0.21	−0.74	−1.06	−1.20	−1.38	1.3
1.4	6.87	5.09	4.56	4.15	3.83	3.27	2.71	1.94	1.33	0.71	−0.22	−0.73	−1.04	−1.17	−1.32	1.4
1.5	7.09	5.23	4.68	4.24	3.91	3.33	2.74	1.95	1.33	0.69	−0.24	−0.73	−1.02	−1.13	−1.26	1.5
1.6	7.31	5.37	4.80	4.34	3.99	3.39	2.78	1.96	1.33	0.68	−0.25	−0.73	−0.99	−1.10	−1.20	1.6
1.7	7.54	5.50	4.91	4.43	4.07	3.44	2.82	1.97	1.32	0.66	−0.27	−0.72	−0.97	−1.06	−1.14	1.7
1.8	7.76	5.64	5.01	4.52	4.15	3.50	2.85	1.98	1.32	0.64	−0.28	−0.72	−0.94	−1.02	−1.09	1.8
1.9	7.98	5.77	5.12	4.61	4.23	3.55	2.88	1.99	1.31	0.63	−0.29	−0.72	−0.92	−0.98	−1.04	1.9
2.0	8.21	5.91	5.22	4.70	4.30	3.61	2.91	2.00	1.30	0.61	−0.31	−0.71	−0.895	−0.949	−0.989	2.0
2.1	8.43	6.04	5.33	4.79	4.37	3.66	2.93	2.00	1.29	0.59	−0.32	−0.71	−0.869	−0.914	−0.945	2.1
2.2	8.65	6.17	5.43	4.88	4.44	3.71	2.96	2.00	1.28	0.57	−0.33	−0.70	−0.844	−0.879	−0.905	2.2
2.3	8.87	6.30	5.53	4.97	4.51	3.76	2.99	2.00	1.27	0.55	−0.34	−0.69	−0.820	−0.849	−0.867	2.3
2.4	9.08	6.42	5.63	5.05	4.58	3.81	3.02	2.01	1.26	0.54	−0.35	−0.68	−0.795	−0.820	−0.831	2.4
2.5	9.30	6.55	5.73	5.13	4.65	3.85	3.04	2.01	1.25	0.52	−0.36	−0.67	−0.772	−0.791	−0.800	2.5
2.6	9.51	6.67	5.82	5.20	4.72	3.89	3.06	2.01	1.23	0.50	−0.37	−0.66	−0.748	−0.764	−0.769	2.6
2.7	9.72	6.79	5.92	5.28	4.78	3.93	3.09	2.01	1.22	0.48	−0.37	−0.65	−0.726	−0.736	−0.740	2.7
2.8	9.93	6.91	6.01	5.36	4.84	3.97	3.11	2.01	1.21	0.46	−0.38	−0.64	−0.702	−0.710	−0.714	2.8
2.9	10.14	7.03	6.10	5.44	4.90	4.01	3.13	2.01	1.20	0.44	−0.39	−0.63	−0.680	−0.687	−0.690	2.9
3.0	10.35	7.15	6.20	5.51	4.96	4.05	3.15	2.00	1.18	0.42	−0.39	−0.62	−0.658	−0.665	−0.667	3.0
3.1	10.56	7.26	6.30	5.59	5.02	4.08	3.17	2.00	1.16	0.40	−0.40	−0.6	−0.639	−0.644	−0.645	3.1

续表

C_s \ $P/\%$	0.01	0.1	0.2	0.33	0.5	1	2	5	10	20	50	75	90	95	99	$P/\%$ \ C_s
3.2	10.77	7.38	6.39	5.66	5.08	4.12	3.19	2.00	1.14	0.38	−0.40	−0.59	−0.621	−0.625	−0.625	3.2
3.3	10.97	7.49	6.48	5.74	5.14	4.15	3.21	1.99	1.12	0.36	−0.40	−0.58	−0.604	−0.606	−0.606	3.3
3.4	11.17	7.60	6.56	5.80	5.20	4.18	3.22	1.98	1.11	0.34	−0.41	−0.57	−0.587	−0.588	−0.588	3.4
3.5	11.37	7.72	6.65	5.86	5.25	4.22	3.23	1.97	1.09	0.32	−0.41	−0.55	−0.57	−0.571	−0.571	3.5
3.6	11.57	7.83	6.73	5.93	5.30	4.25	3.24	1.96	1.08	0.30	−0.41	−0.54	−0.555	−0.556	−0.556	3.6
3.7	11.77	7.94	6.81	5.99	5.35	4.28	3.25	1.95	1.06	0.28	−0.42	−0.53	−0.54	−0.541	−0.542	3.7
3.8	11.97	8.05	6.89	6.05	5.40	4.31	3.26	1.94	1.04	0.26	−0.42	−0.52	−0.525	−0.526	−0.527	3.8
3.9	12.16	8.15	6.97	6.11	5.45	4.34	3.27	1.93	1.02	0.24	−0.41	−0.506	−0.512	−0.513	−0.514	3.9
4.0	12.36	8.25	7.05	6.18	5.50	4.37	3.27	1.92	1.00	0.23	−0.41	−0.495	−0.500	−0.500	−0.500	4.0
4.1	12.55	8.35	7.13	6.24	5.54	4.39	3.28	1.91	0.98	0.21	−0.41	−0.484	−0.488	−0.488	−0.488	4.1
4.2	12.74	8.45	7.21	6.30	5.59	4.41	3.29	1.90	0.96	0.19	−0.41	−0.473	−0.476	−0.476	−0.476	4.2
4.3	12.93	8.55	7.29	6.36	5.63	4.44	3.29	1.88	0.94	0.17	−0.41	−0.462	−0.465	−0.465	−0.465	4.3
4.4	13.12	8.65	7.36	6.41	5.68	4.46	3.30	1.87	0.92	0.16	−0.40	−0.453	−0.455	−0.455	−0.455	4.4
4.5	13.30	8.75	7.43	6.46	5.72	4.48	3.30	1.85	0.90	0.14	−0.40	−0.444	−0.444	−0.444	−0.444	4.5
4.6	13.49	8.85	7.50	6.52	5.76	4.50	3.30	1.84	0.88	0.13	−0.40	−0.435	−0.435	−0.435	−0.435	4.6
4.7	13.67	8.95	7.56	6.57	5.80	4.52	3.30	1.82	0.86	0.11	−0.39	−0.426	−0.426	−0.426	−0.426	4.7
4.8	13.85	9.04	7.63	6.63	5.84	4.54	3.30	1.80	0.84	0.09	−0.39	−0.417	−0.417	−0.417	−0.417	4.8
4.9	14.04	9.13	7.70	6.68	5.88	4.55	3.30	1.78	0.82	0.08	−0.38	−0.408	−0.408	−0.408	−0.408	4.9
5.0	14.22	9.22	7.77	6.73	5.92	4.57	3.30	1.77	0.80	0.06	−0.379	−0.400	−0.400	−0.400	−0.400	5.0
5.1	14.40	9.31	7.84	6.78	5.95	4.58	3.30	1.75	0.78	0.05	−0.374	−0.392	−0.392	−0.392	−0.392	5.1
5.2	14.57	9.40	7.90	6.83	5.99	4.59	3.30	1.73	0.76	0.03	−0.369	−0.385	−0.385	−0.385	−0.385	5.2
5.3	14.75	9.49	7.96	6.87	6.02	4.60	3.30	1.72	0.74	0.02	−0.363	−0.377	−0.377	−0.377	−0.377	5.3
5.4	14.92	9.57	8.02	6.91	6.05	4.62	3.29	1.70	0.72	0.00	−0.358	−0.37	−0.37	−0.37	−0.37	5.4
5.5	15.10	9.66	8.08	6.96	6.08	4.63	3.28	1.68	0.70	−0.01	−0.353	−0.364	−0.364	−0.364	−0.364	5.5
5.6	15.27	9.74	8.14	7.00	6.11	4.64	3.28	1.66	0.67	−0.03	−0.349	−0.357	−0.357	−0.357	−0.357	5.6
5.7	15.45	9.82	8.21	7.04	6.14	4.65	3.27	1.65	0.65	−0.04	−0.344	−0.351	−0.351	−0.351	−0.351	5.7
5.8	15.62	9.91	8.27	7.08	6.17	4.67	3.27	1.63	0.63	−0.05	−0.339	−0.345	−0.345	−0.345	−0.345	5.8
5.9	15.78	9.99	8.32	7.12	6.20	4.68	3.26	1.61	0.61	−0.06	−0.334	−0.339	−0.339	−0.339	−0.339	5.9
6.0	15.94	10.07	8.38	7.15	6.23	4.68	3.25	1.59	0.59	−0.07	−0.329	−0.333	−0.333	−0.333	−0.333	6.0
6.1	16.11	10.15	8.43	7.19	6.26	4.69	3.24	1.57	0.57	−0.08	−0.325	−0.328	−0.328	−0.328	−0.328	6.1
6.2	16.28	10.22	8.49	7.23	6.28	4.70	3.23	1.55	0.55	−0.09	−0.32	−0.323	−0.323	−0.323	−0.323	6.2
6.3	16.45	10.30	8.54	7.26	6.30	4.70	3.22	1.53	0.53	−0.10	−0.315	−0.317	−0.317	−0.317	−0.317	6.3
6.4	16.61	10.38	8.60	7.30	6.32	4.71	3.21	1.51	0.51	−0.11	−0.311	−0.313	−0.313	−0.313	−0.313	6.4

附表2　　　　　　　　**P-Ⅲ型频率曲线的离均系数 K_p 值表**

(1) $C_s = 2C_v$

$P/\%$ ⟍ C_v	0.01	0.1	0.2	0.33	0.5	1	2	5	10	20	50	75	90	95	99	$P/\%$ ⟍ C_v
0.10	1.42	1.34	1.31	1.29	1.27	1.25	1.21	1.17	1.13	1.08	1.00	0.93	0.87	0.84	0.78	0.20
0.15	1.67	1.54	1.48	1.46	1.43	1.38	1.33	1.26	1.20	1.12	0.99	0.90	0.81	0.77	0.69	0.30
0.20	1.92	1.73	1.67	1.63	1.59	1.52	1.45	1.35	1.26	1.16	0.99	0.86	0.75	0.70	0.59	0.40
0.22	2.04	1.82	1.75	1.70	1.66	1.58	1.50	1.39	1.29	1.18	0.98	0.84	0.73	0.67	0.56	0.44
0.24	2.16	1.91	1.83	1.77	1.73	1.64	1.55	1.43	1.32	1.19	0.98	0.83	0.71	0.64	0.53	0.48
0.25	2.22	1.96	1.87	1.81	1.77	1.67	1.58	1.45	1.33	1.20	0.98	0.82	0.70	0.63	0.52	0.50
0.26	2.28	2.01	1.91	1.85	1.80	1.70	1.60	1.46	1.34	1.21	0.98	0.82	0.69	0.62	0.50	0.52
0.28	2.40	2.10	2.00	1.93	1.87	1.76	1.66	1.50	1.37	1.22	0.97	0.79	0.66	0.59	0.47	0.56
0.30	2.52	2.19	2.08	2.01	1.94	1.83	1.71	1.54	1.40	1.24	0.97	0.78	0.64	0.56	0.44	0.60
0.35	2.86	2.44	2.31	2.22	2.13	2.00	1.84	1.64	1.47	1.28	0.96	0.75	0.59	0.51	0.37	0.70
0.40	3.20	2.70	2.54	2.42	2.32	2.16	1.98	1.74	1.54	1.31	0.95	0.71	0.53	0.45	0.30	0.80
0.45	3.59	2.98	2.80	2.65	2.53	2.33	2.13	1.84	1.60	1.35	0.93	0.67	0.48	0.40	0.26	0.90
0.50	3.98	3.27	3.05	2.88	2.74	2.51	2.27	1.94	1.67	1.38	0.92	0.64	0.44	0.34	0.21	1.00
0.55	4.42	3.58	3.32	3.12	2.97	2.70	2.42	2.04	1.74	1.41	0.90	0.59	0.40	0.30	0.16	1.10
0.60	4.85	3.89	3.59	3.37	3.20	2.89	2.57	2.15	1.80	1.44	0.89	0.56	0.35	0.26	0.13	1.20
0.65	5.33	4.22	3.89	3.64	3.44	3.09	2.74	2.25	1.87	1.47	0.87	0.52	0.31	0.22	0.10	1.30
0.70	5.81	4.56	4.19	3.91	3.68	3.29	2.90	2.36	1.94	1.50	0.85	0.49	0.27	0.18	0.08	1.40
0.75	6.33	4.93	4.52	4.19	3.93	3.50	3.06	2.46	2.00	1.52	0.82	0.45	0.24	0.15	0.06	1.50
0.80	6.85	5.30	4.84	4.47	4.19	3.71	3.22	2.57	2.06	1.54	0.80	0.42	0.21	0.12	0.04	1.60
0.90	7.98	6.08	5.51	5.07	4.74	4.15	3.56	2.78	2.19	1.58	0.75	0.35	0.15	0.08	0.02	1.80

(2) $C_s = 3C_v$

$P/\%$ ⟍ C_v	0.01	0.1	0.2	0.33	0.5	1	2	5	10	20	50	75	90	95	99	$P/\%$ ⟍ C_v
0.20	2.02	1.79	1.72	1.67	1.63	1.55	1.47	1.33	1.27	1.16	0.98	0.86	0.76	0.71	0.62	0.60
0.25	2.35	2.05	1.95	1.88	1.82	1.72	1.61	1.46	1.34	1.20	0.97	0.82	0.71	0.65	0.56	0.75
0.30	2.72	2.32	2.19	2.10	2.02	1.89	1.75	1.56	1.40	1.23	0.96	0.78	0.66	0.60	0.50	0.90
0.35	3.12	2.61	2.46	2.33	2.24	2.07	1.90	1.66	1.47	1.26	0.94	0.74	0.61	0.55	0.46	1.05
0.40	3.56	2.92	2.73	2.58	2.46	2.26	2.05	1.76	1.54	1.29	0.92	0.70	0.57	0.50	0.42	1.20
0.42	3.75	3.06	2.85	2.69	2.56	2.34	2.11	1.81	1.56	1.31	0.91	0.69	0.55	0.49	0.41	1.26
0.44	3.94	3.19	2.97	2.80	2.66	2.42	2.17	1.85	1.59	1.32	0.91	0.67	0.54	0.47	0.40	1.32
0.45	4.04	3.26	3.03	2.85	2.70	2.46	2.21	1.87	1.60	1.32	0.90	0.67	0.53	0.47	0.39	1.35
0.46	4.14	3.33	3.09	2.90	2.75	2.50	2.24	1.89	1.61	1.33	0.90	0.66	0.52	0.46	0.39	1.38
0.48	4.34	3.47	3.21	3.01	2.85	2.58	2.31	1.93	1.65	1.34	0.89	0.65	0.51	0.45	0.38	1.44
0.50	4.56	3.62	3.34	3.12	2.93	2.67	2.37	1.98	1.67	1.35	0.88	0.64	0.49	0.44	0.37	1.50

$P/\%$ / C_v	0.01	0.1	0.2	0.33	0.5	1	2	5	10	20	50	75	90	95	99	$P/\%$ / C_v
0.52	4.76	3.76	3.46	3.24	3.06	2.75	2.44	2.02	1.69	1.35	0.87	0.62	0.48	0.42	0.36	1.56
0.54	4.98	3.91	3.60	3.36	3.16	2.84	2.51	2.06	1.72	1.36	0.86	0.61	0.47	0.41	0.36	1.62
0.55	5.09	3.99	3.66	3.42	3.21	2.88	2.54	2.08	1.73	1.36	0.86	0.60	0.46	0.41	0.36	1.65
0.56	5.20	4.07	3.73	3.48	3.27	2.93	2.57	2.10	1.74	1.37	0.85	0.59	0.46	0.40	0.35	1.68
0.58	5.43	4.23	3.86	3.59	3.33	3.01	2.64	2.14	1.77	1.38	0.84	0.58	0.45	0.40	0.35	1.74
0.60	5.66	4.38	4.01	3.71	3.49	3.10	2.71	2.19	1.79	1.38	0.83	0.57	0.44	0.39	0.35	1.80
0.65	6.26	4.81	4.36	4.03	3.77	3.33	2.88	2.29	1.85	1.40	0.80	0.53	0.41	0.37	0.34	1.95
0.70	6.90	5.23	4.73	4.35	4.06	3.56	3.05	2.40	1.90	1.41	0.78	0.50	0.39	0.36	0.34	2.10
0.75	7.57	5.68	5.12	4.59	4.36	3.80	3.24	2.50	1.96	1.42	0.76	0.48	0.38	0.35	0.34	2.25
0.80	8.26	6.14	5.50	5.04	4.65	4.05	3.42	2.61	2.01	1.43	0.72	0.46	0.36	0.34	0.34	2.40

（3）$C_s = 3.5 C_v$

$P/\%$ / C_v	0.01	0.1	0.2	0.33	0.5	1	2	5	10	20	50	75	90	95	99	$P/\%$ / C_v
0.20	2.06	1.82	1.74	1.69	1.64	1.56	1.48	1.36	1.27	1.16	0.98	0.86	0.76	0.72	0.64	0.70
0.25	2.42	2.09	1.99	1.91	1.85	1.74	1.62	1.46	1.34	1.19	0.96	0.82	0.71	0.66	0.58	0.88
0.30	2.82	2.38	2.24	2.14	2.06	1.92	1.77	1.57	1.40	1.22	0.95	0.78	0.67	0.61	0.53	1.05
0.35	3.26	2.70	2.52	2.39	2.29	2.11	1.92	1.67	1.47	1.26	0.93	0.74	0.62	0.57	0.50	1.23
0.40	3.75	3.04	2.82	2.66	2.58	2.31	2.08	1.78	1.53	1.28	0.91	0.71	0.58	0.53	0.47	1.40
0.42	3.95	3.18	2.95	2.77	2.63	2.39	2.15	1.82	1.56	1.29	0.90	0.69	0.57	0.52	0.46	1.47
0.44	4.16	3.33	3.08	2.88	2.73	2.48	2.21	1.86	1.59	1.30	0.89	0.68	0.56	0.51	0.46	1.54
0.45	4.27	3.40	3.14	2.94	2.79	2.52	2.25	1.88	1.60	1.31	0.89	0.67	0.55	0.50	0.45	1.58
0.46	4.37	3.48	3.21	3.00	2.84	2.56	2.28	1.90	1.61	1.31	0.88	0.66	0.54	0.50	0.45	1.61
0.48	4.60	3.63	3.35	3.12	2.94	2.65	2.35	1.95	1.64	1.32	0.87	0.65	0.53	0.49	0.45	1.68
0.50	4.82	3.78	3.48	3.24	3.06	2.74	2.42	1.99	1.66	1.32	0.86	0.64	0.52	0.48	0.44	1.75
0.52	5.06	3.95	3.62	3.36	3.16	2.83	2.48	2.03	1.69	1.33	0.85	0.63	0.51	0.47	0.44	1.82
0.54	5.30	4.11	3.76	3.48	3.28	2.91	2.55	2.07	1.71	1.34	0.84	0.61	0.50	0.47	0.44	1.89
0.55	5.41	4.20	3.83	3.55	3.34	2.96	2.58	2.10	1.72	1.34	0.84	0.60	0.50	0.46	0.44	1.93
0.56	5.55	4.28	3.91	3.61	3.39	3.01	2.62	2.12	1.73	1.35	0.83	0.60	0.49	0.46	0.43	1.96
0.58	5.80	4.45	4.05	3.74	3.51	3.10	2.69	2.16	1.75	1.35	0.82	0.58	0.48	0.46	0.43	2.03
0.60	6.06	4.62	4.20	3.87	3.62	3.20	2.76	2.20	1.77	1.35	0.81	0.57	0.48	0.45	0.43	2.10
0.65	6.73	5.08	4.58	4.22	3.92	3.44	2.94	2.30	1.83	1.36	0.78	0.55	0.46	0.44	0.43	2.28
0.70	7.43	5.54	4.98	4.56	4.23	3.68	3.12	2.41	1.88	1.37	0.75	0.53	0.45	0.44	0.43	2.45
0.75	8.16	6.02	5.38	4.92	4.55	3.92	3.30	2.51	1.92	1.37	0.72	0.50	0.44	0.43	0.43	2.63
0.80	8.91	6.53	5.81	5.29	4.87	4.18	3.49	2.61	1.97	1.37	0.70	0.49	0.44	0.43	0.43	2.80

（4）$C_s = 4 C_v$

$P/\%$ / C_v	0.01	0.1	0.2	0.33	0.5	1	2	5	10	20	50	75	90	95	99	$P/\%$ / C_v
0.20	2.10	1.85	1.77	1.71	1.66	1.58	1.49	1.37	1.27	1.16	0.97	0.85	0.77	0.72	0.65	0.80
0.25	2.49	2.13	2.02	1.94	1.87	1.76	1.64	1.47	1.34	1.19	0.96	0.82	0.72	0.67	0.60	1.00

$P/\%$ C_v	0.01	0.1	0.2	0.33	0.5	1	2	5	10	20	50	75	90	95	99	$P/\%$ C_v
0.30	2.92	2.44	2.30	2.18	2.10	1.94	1.79	1.57	1.40	1.22	0.94	0.78	0.68	0.63	0.56	1.20
0.35	3.40	2.78	2.60	2.45	2.34	2.14	1.95	1.68	1.47	1.25	0.92	0.74	0.64	0.59	0.54	1.40
0.40	3.92	3.15	2.92	2.74	2.60	2.36	2.11	1.78	1.53	1.27	0.90	0.71	0.60	0.56	0.52	1.60
0.42	4.15	3.30	3.05	2.86	2.70	2.44	2.18	1.83	1.56	1.28	0.89	0.70	0.59	0.55	0.52	1.68
0.44	4.38	3.46	3.19	2.98	2.81	2.53	2.25	1.87	1.58	1.29	0.88	0.68	0.58	0.55	0.51	1.76
0.45	4.49	3.54	3.25	3.03	2.87	2.58	2.28	1.89	1.59	1.29	0.87	0.68	0.58	0.54	0.51	1.80
0.46	4.62	3.62	3.32	3.10	2.92	2.62	2.32	1.91	1.61	1.29	0.87	0.67	0.57	0.54	0.51	1.84
0.48	4.86	3.79	3.47	3.22	3.04	2.71	2.39	1.96	1.63	1.30	0.86	0.66	0.56	0.53	0.51	1.92
0.50	5.10	3.96	3.61	3.35	3.15	2.80	2.45	2.00	1.65	1.31	0.84	0.64	0.55	0.53	0.50	2.00
0.52	5.36	4.12	3.76	3.48	3.27	2.90	2.52	2.04	1.67	1.31	0.83	0.63	0.55	0.52	0.50	2.08
0.54	5.62	4.30	3.91	3.61	3.38	2.99	2.59	2.08	1.69	1.31	0.82	0.62	0.54	0.52	0.50	2.16
0.55	5.76	4.39	3.99	3.68	3.44	3.03	2.63	2.10	1.70	1.31	0.82	0.62	0.54	0.52	0.50	2.20
0.56	5.90	4.48	4.06	3.75	3.50	3.09	2.66	2.12	1.71	1.31	0.81	0.61	0.53	0.51	0.50	2.24
0.58	6.18	4.67	4.22	3.89	3.62	3.19	2.74	2.16	1.74	1.32	0.80	0.60	0.53	0.51	0.50	2.32
0.60	6.45	4.85	4.38	4.03	3.75	3.29	2.81	2.21	1.76	1.32	0.79	0.59	0.52	0.51	0.50	2.40
0.65	7.18	5.34	4.78	4.38	4.07	3.53	2.99	2.31	1.80	1.32	0.76	0.57	0.51	0.50	0.50	2.60
0.70	7.95	5.84	5.21	4.75	4.39	3.78	3.18	2.41	1.85	1.32	0.73	0.55	0.51	0.50	0.50	2.80
0.75	8.76	6.36	5.65	5.13	4.72	4.03	3.36	2.50	1.88	1.32	0.71	0.54	0.51	0.50	0.50	3.00
0.80	9.62	6.90	6.11	5.53	5.06	4.30	3.55	2.60	1.91	1.30	0.68	0.53	0.50	0.50	0.50	3.20

附表3　　　　　　　　三点法用表——S 与 C_s 关系表

（1）$P=1-50-99\%$

S	0	1	2	3	4	5	6	7	8	9
0.0	0.00	0.03	0.05	0.07	0.10	0.12	0.15	0.17	0.20	0.23
0.1	0.26	0.28	0.31	0.34	0.36	0.39	0.41	0.44	0.47	0.49
0.2	0.52	0.54	0.57	0.59	0.62	0.65	0.67	0.70	0.73	0.76
0.3	0.78	0.81	0.84	0.86	0.89	0.92	0.94	0.97	1.00	1.02
0.4	1.05	1.08	1.10	1.13	1.16	1.18	1.21	1.24	1.27	1.30
0.5	1.32	1.36	1.39	1.42	1.45	1.48	1.51	1.55	1.58	1.61
0.6	1.64	1.68	1.71	1.74	1.78	1.81	1.84	1.88	1.92	1.95
0.7	1.99	2.03	2.07	2.11	2.16	2.20	2.25	2.30	2.34	2.39
0.8	2.44	2.50	2.55	2.61	2.67	2.74	2.81	2.89	2.97	3.05
0.9	3.14	3.22	3.33	3.46	3.59	3.73	3.92	4.14	4.44	4.90

例：当 $S=0.43$ 时，$C_s=1.13$。

（2）$P=3-50-97\%$

S	0	1	2	3	4	5	6	7	8	9
0.0	0.00	0.04	0.08	0.11	0.14	0.17	0.20	0.23	0.26	0.29
0.1	0.32	0.35	0.38	0.42	0.45	0.48	0.51	0.54	0.57	0.60
0.2	0.63	0.66	0.70	0.73	0.76	0.79	0.82	0.86	0.89	0.92
0.3	0.95	0.98	1.01	1.04	1.08	1.11	1.14	1.17	1.20	1.24
0.4	1.27	1.30	1.33	1.36	1.40	1.43	1.46	1.49	1.52	1.56
0.5	1.59	1.63	1.66	1.70	1.73	1.76	1.80	1.83	1.87	1.90
0.6	1.94	1.97	2.00	2.04	2.08	2.12	2.16	2.20	2.23	2.27
0.7	2.31	2.36	2.40	2.44	2.49	2.54	2.58	2.63	2.68	2.74
0.8	2.79	2.85	2.90	2.96	3.02	3.09	3.15	3.22	3.29	3.37
0.9	3.46	3.55	3.67	3.79	3.92	4.08	4.26	4.50	4.75	5.21

（3）$P=5-50-95\%$

S	0	1	2	3	4	5	6	7	8	9
0.0	0.00	0.04	0.08	0.12	0.16	0.20	0.24	0.27	0.31	0.35
0.1	0.38	0.41	0.45	0.48	0.52	0.55	0.59	0.63	0.66	0.70
0.2	0.73	0.76	0.80	0.84	0.87	0.90	0.94	0.98	1.01	1.04
0.3	1.08	1.11	1.14	1.18	1.21	1.25	1.28	1.31	1.35	1.38
0.4	1.42	1.46	1.49	1.52	1.56	1.59	1.63	1.66	1.70	1.74
0.5	1.78	1.81	1.85	1.88	1.92	1.95	1.99	2.03	2.06	2.10
0.6	2.13	2.17	2.20	2.24	2.28	2.32	2.36	2.40	2.44	2.48
0.7	2.53	2.57	2.62	2.66	2.70	2.76	2.81	2.86	2.91	2.97
0.8	3.02	3.07	3.13	3.19	3.25	3.32	3.38	3.46	3.52	3.60
0.9	3.70	3.80	3.91	4.03	4.17	4.32	4.49	4.72	4.94	5.43

（4）$P=10-50-90\%$

S	0	1	2	3	4	5	6	7	8	9
0.0	0.00	0.05	0.10	0.15	0.20	0.24	0.29	0.34	0.38	0.43
0.1	0.47	0.52	0.56	0.60	0.65	0.69	0.74	0.78	0.83	0.87
0.2	0.92	0.96	1.00	1.04	1.08	1.13	1.17	1.22	1.26	1.30
0.3	1.34	1.38	1.43	1.47	1.51	1.55	1.59	1.63	1.67	1.71
0.4	1.75	1.79	1.83	1.87	1.91	1.95	1.99	2.02	2.06	2.10
0.5	2.14	2.18	2.22	2.26	2.30	2.34	2.38	2.42	2.46	2.50
0.6	2.54	2.58	2.62	2.66	2.70	2.74	2.78	2.82	2.86	2.90
0.7	2.95	3.00	3.04	3.08	3.13	3.18	3.24	3.28	3.33	3.38
0.8	3.44	3.50	3.55	3.61	3.67	3.74	3.80	3.87	3.94	4.02
0.9	4.11	4.20	4.32	4.45	4.59	4.75	4.96	5.20	5.56	—

附表 4　　1000hPa 地面到指定高度（高出地面米数）间饱和假绝热大气中的
可降水量（mm）与 1000hPa 露点（℃）函数关系表

高度/m	1000hPa 露点/℃														
	0	1	2	3	4	5	6	7	8	9	10	11	12	13	14
200	1	1	1	1	1	1	1	2	2	2	2	2	2	2	2
400	2	2	2	2	2	3	3	3	3	3	4	4	4	4	5
600	3	3	3	3	3	4	4	4	5	5	5	6	6	6	7
800	3	3	4	4	4	5	5	5	6	6	7	7	8	8	9
1000	4	4	4	5	5	6	6	6	7	7	8	9	9	10	10
1200	4	5	5	6	6	7	7	8	8	9	9	10	11	11	12
1400	5	5	6	6	7	7	8	8	9	10	10	11	12	13	14
1600	5	6	6	7	7	8	9	9	10	11	11	12	13	14	15
1800	6	6	7	7	8	9	9	10	11	12	12	13	14	15	17
2000	6	7	7	8	9	9	10	11	11	12	13	14	16	17	18
2200	7	7	8	8	9	10	10	11	12	13	14	15	16	18	19
2400	7	8	8	9	9	10	11	12	13	14	15	16	17	19	20
2600	7	8	8	9	10	11	11	12	13	14	16	17	18	20	21
2800	7	8	9	9	10	11	12	13	14	15	16	18	19	21	22
3000	8	8	9	10	10	11	12	13	14	15	17	18	20	21	23
3200	8	8	9	10	11	12	13	14	15	16	17	19	20	22	24
3400	8	8	9	10	11	12	13	14	15	16	18	19	21	23	24
3600	8	9	9	10	11	13	13	14	15	17	18	20	22	23	25
3800	8	9	10	10	11	13	13	14	16	17	19	20	22	24	26
4000	8	9	10	11	11	13	14	15	16	17	19	21	22	24	26
4200	8	9	10	11	12	13	14	15	16	18	19	21	23	25	27
4400	8	9	10	11	12	13	14	15	16	18	20	21	23	25	27
4600	8	9	10	11	12	13	14	15	17	18	20	22	24	25	28
4800	8	9	10	11	12	13	14	15	17	18	20	22	24	26	28
5000	8	9	10	11	12	13	14	16	17	19	20	22	24	26	28
5200	8	9	10	11	12	13	14	16	17	19	20	22	24	26	29
5400	8	9	10	11	12	13	14	16	17	19	20	22	24	26	29
5600	8	9	10	11	12	13	14	16	17	19	21	22	24	27	29
5800	8	9	10	11	12	13	14	16	17	19	21	22	25	27	29
6000	8	9	10	11	12	13	15	16	17	19	21	23	25	27	30
6200	8	9	10	11	12	13	15	16	17	19	21	23	25	27	30
6400	8	9	10	11	12	13	15	16	18	19	21	23	25	27	30
6600	8	9	10	11	12	13	15	16	18	19	21	23	25	27	30
6800	8	9	10	11	12	13	15	16	18	19	21	23	25	27	30

高度/m	1000hPa 露点/℃														
	0	1	2	3	4	5	6	7	8	9	10	11	12	13	14
7000	8	9	10	11	12	14	15	16	18	19	21	23	25	28	30
7200	8	9	10	11	12	14	15	16	18	19	21	23	25	28	30
7400	8	9	10	11	12	14	15	16	18	19	21	23	25	28	30
7600	8	9	10	11	12	14	15	16	18	19	21	23	25	28	30
7800	8	9	10	11	12	14	15	16	18	19	21	23	25	28	30
8000	8	9	10	11	12	14	15	16	18	19	21	23	26	28	30
8200	8	9	10	11	12	14	15	16	18	19	21	23	26	28	30
8400	8	9	10	11	12	14	15	16	18	19	21	23	26	28	30
8600	8	9	10	11	12	14	15	16	18	19	21	23	26	28	30
8800	8	9	10	11	12	14	15	16	18	19	21	23	26	28	30
9000	8	9	10	11	12	14	15	16	18	19	21	23	26	28	31
9200	8	9	10	11	12	14	15	16	18	19	21	23	26	28	31
9400						14	15	16	18	19	21	23	26	28	31
9600						14	15	16	18	19	21	23	26	28	31
9800						14	15	16	18	19	21	23	26	28	31
10000						14	15	16	18	19	21	23	26	28	31
11000											21	23	26	28	31
12000															
13000															
14000															
15000															
16000															
17000															

高度/m	1000hPa 露点/℃														
	15	16	17	18	19	20	21	22	23	24	25	26	27	28	29	30
200	2	3	3	3	3	3	4	4	4	4	4	5	5	5	6	6
400	5	5	5	6	6	6	7	7	8	8	9	9	10	10	11	12
600	7	7	8	8	9	10	10	11	11	12	13	14	15	15	16	17
800	9	10	10	11	12	13	13	14	15	16	17	18	19	20	21	22
1000	11	12	13	13	14	15	16	17	18	20	21	22	23	25	26	28
1200	13	14	15	16	17	18	19	20	21	23	24	26	27	29	31	32
1400	15	16	17	18	19	20	22	23	24	26	28	29	31	33	35	37
1600	16	17	19	20	21	23	24	25	27	29	31	33	35	37	39	41
1800	18	19	20	22	23	25	26	28	30	32	34	36	39	41	43	46
2000	19	20	22	24	25	27	29	31	33	35	37	39	42	44	47	50
2200	20	22	24	25	27	29	31	33	35	37	40	42	45	48	51	54

高度/m	1000hPa露点/℃															
	15	16	17	18	19	20	21	22	23	24	25	26	27	28	29	30
2400	22	23	25	27	29	31	33	35	37	40	43	45	48	51	54	57
2600	23	24	26	28	30	32	35	37	40	42	45	48	51	55	58	61
2800	24	26	27	30	32	34	36	39	42	45	48	51	54	58	61	65
3000	25	27	29	31	33	35	38	41	44	47	50	53	57	61	64	68
3200	26	28	30	32	34	37	40	42	45	49	52	56	59	63	67	71
3400	26	29	31	33	36	38	41	44	47	51	54	58	62	66	70	74
3600	27	29	32	34	37	39	42	45	49	52	56	60	64	68	73	77
3800	28	30	32	35	38	41	44	47	50	54	58	62	66	70	75	80
4000	28	31	33	36	39	42	45	48	52	56	60	64	68	73	78	83
4200	29	31	34	37	40	43	46	49	53	57	61	66	70	75	80	85
4400	29	32	34	37	40	44	47	51	54	58	63	67	72	77	82	87
4600	30	32	35	38	41	44	48	52	56	60	64	69	74	79	84	90
4800	30	33	36	39	42	45	49	53	57	61	65	70	75	81	86	92
5000	31	33	36	39	42	46	50	54	58	62	67	72	77	82	88	94
5200	31	34	37	40	43	47	50	54	59	63	68	73	78	84	90	96
5400	31	34	37	40	44	47	51	55	60	64	69	74	80	86	92	98
5600	32	35	38	41	44	48	52	56	60	65	70	76	81	87	93	100
5800	32	35	38	41	45	48	52	57	61	66	71	77	82	88	95	101
6000	32	35	38	42	45	49	53	57	62	67	72	78	84	90	96	103
6200	32	35	38	42	45	49	54	58	63	68	73	79	85	91	98	104
6400	33	35	39	42	46	50	54	58	63	68	74	80	86	92	99	106
6600	33	36	39	42	46	50	54	59	64	69	74	80	87	93	100	107
6800	33	36	39	42	46	50	55	60	65	70	75	81	87	94	101	108
7000	33	36	39	43	46	51	55	60	66	70	76	82	88	95	102	110
7200	33	36	39	43	47	51	55	60	66	71	76	82	89	96	103	111
7400	33	36	39	43	47	51	56	61	66	71	77	83	90	97	104	112
7600	33	36	39	43	47	51	56	61	66	72	77	83	90	98	105	113
7800	33	36	39	43	47	51	56	61	66	72	78	84	91	98	106	114
8000	33	36	40	43	47	52	56	61	67	72	78	85	92	99	107	115
8200	33	36	40	43	47	52	57	62	67	73	78	85	92	100	108	115
8400	33	36	40	43	47	52	57	62	67	73	79	85	92	100	108	116
8600	33	36	40	43	47	52	57	62	68	73	79	86	93	101	109	117
8800	33	36	40	43	47	52	57	62	68	73	79	86	93	101	109	118
9000	33	36	40	43	47	52	57	62	68	74	80	86	94	102	110	118
9200	33	36	40	43	48	52	57	62	68	74	80	87	94	102	110	119
9400	33	36	40	44	48	52	57	62	68	74	80	87	94	102	110	119

高度/m	1000hPa 露点/℃															
	15	16	17	18	19	20	21	22	23	24	25	26	27	28	29	30
9600	33	36	40	44	48	52	57	63	68	74	80	87	94	102	111	120
9800	33	36	40	44	48	52	57	63	68	74	80	87	95	103	111	120
10000	33	37	40	44	48	52	57	63	68	74	80	87	95	103	112	121
11000	33	37	40	44	48	52	57	63	68	74	81	88	96	104	113	122
12000	33	37	40	44	48	52	57	63	68	74	81	88	96	106	114	123
13000						52	57	63	68	74	81	88	97	106	114	124
14000						52	57	63	68	74	81	88	97	106	115	124
15000											81	88	97	106	115	124
16000											81	88	97	106	115	124
17000												88	97	106	115	124

参 考 文 献

［1］ 叶守泽. 水文水利计算［M］. 北京：中国水利水电出版社，2008.

［2］ 梁忠民，等. 水文水利计算［M］. 北京：中国水利水电出版社，2008.

［3］ 李继清，门宝辉. 水文水利计算［M］. 北京：中国水利水电出版社，2015.

［4］ 叶守泽，詹道江. 工程水文学［M］. 北京：中国水利水电出版社，1999.

［5］ 叶秉如. 水利计算及水资源规划［M］. 北京：中国水利水电出版社，1989.

［6］ 刘光文. 水文分析与计算［M］. 北京：水利电力出版社，1989.

［7］ 国家技术监督局，中华人民共和国水利部. GB 50201—2014 防洪标准［S］. 北京：中国计划出版社，2014.

［8］ 芮孝芳. 水文学原理［M］. 北京：中国水利水电出版社，2004.

［9］ 周之豪，沈曾源，施熙灿，等. 水利水能规划［M］. 北京：中国水利水电出版社，1997.

［10］ 成都科技大学，等. 工程水文及水利计算［M］. 北京：水利电力出版社，1983.

［11］ 长江流域规划办公室水文处. 水利工程实用水文水利计算［M］. 北京：水利电力出版社，1983.

［12］ 任树梅. 工程水文学与水利计算基础［M］. 北京：中国农业大学出版社，2008.

［13］ 李芳英. 城镇防洪［M］. 北京：中国建筑出版社，1983.

［14］ 水电水利规划设计总院，国家能源局. NB/T 35061—2015 水电工程动能设计规范［S］. 北京：中国电力出版社，2016.

［15］ 水利水电规划设计总院，国家能源局. NB/T 35046—2014 水电工程设计洪水计算规范［S］. 北京：中国电力出版社，2014.

［16］ 中华人民共和国水利部. SL 252—2000 水利水电工程等级划分及洪水标准［S］. 北京：中国水利水电出版社，2017.

［17］ 中华人民共和国水利部. SL 278—2002 水利水电工程水文计算规范［S］. 北京：中国水利水电出版社，2002.

［18］ 黄强. 水能利用［M］. 北京：中国水利水电出版社，2009.

［19］ 宋孝玉，马细霞. 工程水文学［M］. 郑州：黄河水利出版社，2009.